전투의 경제학
COMBAT ECONOMICS

KODEF
안보총서
83

전투의
경제학
COMBAT
ECONOMICS

★ **권오상** 지음

플래닛미디어
Planet Media

● 영국의 공무원으로 오래 일했던 한 사람이 있었다. 빛의 스펙트럼을 통해 물질의 특성을 규명하는 분광학으로 케임브리지 대학에서 박사 학위를 받은 그는 영국 정부 내에서 여러 직위를 거쳤다. 그가 행한 업무가 결코 가벼운 것은 아니었지만, 그렇다고 일반인들이 알 정도는 아니었다. 그러다 55세 때인 1959년, 자신의 모교에서 강연한 내용이 책으로 나오면서 그는 갑자기 전세계적인 유명인이 되었다. 그를 유명하게 만든 구절을 잠깐 옮겨보도록 하자.

"…… 한쪽 끝에는 문학적 지식인이 그리고 다른 한쪽 끝에는 과학자, 특히 그 대표적 인물로 물리학자가 있다. 그리고 이 양자 사이는 몰이해, 때로는 (특히 젊은이들 사이에는) 적의와 혐오로 틈이 크게 갈라지고 있다. 그러나 그보다 더한 것은 도무지 서로를 이해하려 들지 않는다는 점이다. 이상하게도 그들은 서로 상대방에 대해서 왜곡된 이미지를 가지고 있다.

그들의 태도는 아주 딴판인데 심지어 정서적인 차원에서도 별반 공통점을 찾을 수 없다……."

『두 문화The Two Cultures』라는 제목으로 국내에도 번역돼 나온 위 책의 저자는 바로 영국의 찰스 스노우Charles P. Snow다. 그리스어 고전과 셰익스피어William Shakespeare 작품의 해석이 세상의 전부인 이들과 맥스웰 방정식과 양자역학이라는 렌즈로 세상을 바라보는 이들 사이의 집단적 괴리가 심각하다는 것이었다. 그 괴리가 심각하다 못해, 서로에 대해 일종의 적대감까지 존재한다는 진단이었다. 대립적인 두 문화 사이의 간극을 통합 교육으로 메우지 않는다면 인류에게 미래는 없다고 스노우는 단언했다. 이후 그의 주장은 인문학과 과학을 공부한 사람들 사이의 단절을 인식한 식견으로 지금껏 인구에 회자되고 있다.

'일개 물리학 박사가 감당하기에는 벅찬 주제 아닌가? 물리 전공자가, 그것도 교수가 아닌 공무원이 감히 인문학을 논하다니' 하고 생각했을 독자가 있을지도 모르겠다. 하지만 국문과를 졸업한 사람만이 글에 대해 논할 수 있고, 수학과를 졸업한 사람만이 수에 대해 논할 수 있는 것은 아니지 않을까?

말이 나온 김에, 사실 스노우는 28세 때부터 소설을 써온 베스트셀러 작가이기도 했다. 그는 죽을 때까지 총 18권의 소설과 9권의 전문 이론서를 남겼고, 그중 학계의 정치적 암투를 그린 연작소설 『이방인들과 형제들Strangers and Brothers』 시리즈로 부와 명성을 이미 거머쥐었다. 그렇게 보면 그에게 자격 운운할 일은 아닌 것 같다. 양쪽을 모두 구사하는 사람으로서 두 진영의 단절이 못내 스노우에게 크게 느껴졌을 것이 눈에 선하다.

사실, 스노우가 비판한 양 진영의 이분법적 대립은 그렇게까지 보편적인 현상은 아니다. 그러니까 당시 영국의 특수한 상황이었을 수도 있었다는 얘기다. 가령, 미국이나 독일 같은 나라들의 경우, 같은 서구권이지만 양상이 많이 다르다. 충분히 평화롭게 공존하고 있고 서로에 대한 존경심도 있으며, 어느 하나만으로는 부족하다는 인식이 자리잡고 있다. 최소한 무관심할지언정 적어도 적대적이지는 않다.

원래 영국도 다르지 않았다. 영국은 전통적으로 경험주의 철학의 본산이자 실용적 가치를 중요하게 여기는 나라로 기술과 인문은 서로를 품고 있었다. 그렇지만 제2차 세계대전을 거치면서 국가 전체적으로 쇠락한 결과, 분야별로 소아병적인 구획주의, 분파주의가 발현하게 되었다. 모든 종류의 배타적 선민의식은 열등감의 표출에 지나지 않음을 생각하면 이해가 쉬우리라.

그럼에도 별로 보편적이지 않은 특정 시점, 특정 국가의 상황에 대한 얘기가 그토록 가슴에 와 닿는 건 왜일까? 20세기 중반의 영국의 모습에서 일종의 데자뷔^déjà vu, 즉 기시감을 느끼기 때문이 아닐까 싶다. 지금 현재 우리의 모습보다 스노우의 비판이 더 아프게 파고드는 경우를 찾기란 쉽지 않다. 문과와 이과라는 작위적인 구별을 고등학교 때 강제하고, 한번 정하고 나면 "너는 이과, 나는 문과" 하는 편 가르기가 한평생 지속되는 게 우리의 현실이니 말이다. 여기에는 우리만의 역사적 특수성이 더해져 있다. 조선 중기 이후 실용적·합리적 기풍을 철저히 억압하여 하등한 것으로 취급했던 사상적 유산을 물려받은 탓에 신분적 분파주의의 뿌리가 깊고도 깊다.

이질적인 두 분파로 갈라져 서로 소가 닭 보듯 하는 분야가 또 하나 있으니 바로 군사 분야다. 한 분파는 역사적 경험을 중요시하는 인문적 관점을 갖고 있다. 군 장교나 전사 연구자들이 주요 구성원으로 군대의 지휘나 지휘관의 리더십 등 소프트한 교훈에 관심이 많다. 다른 한 분파는 기술공학적 원리에 기반을 둔 엔지니어링적 관점을 갖고 있다. 아마추어 무기 애호가들과 엔지니어들로 구성되며 무기의 제원이나 성능의 비교 등 하드한 팩트에 몰두하기를 즐긴다. 두 분파 간의 대화는 흔하지 않으며, 서로 경원시하는 경향이 쉽게 발견된다.

서로 유리되어 있는 현재의 상태가 바람직할까? 그렇다고 말할 수는 없을 것 같다. 왜냐하면 한 가지 관점만으로는 장님 코끼리 만지기가 돼버리기 때문이다. 예를 들어보자. 제1차 세계대전 이전의 보편적인 육군 교리에 의하면 상대 진지를 향해 일렬 횡대로 돌격하는 것을 당연하게 여겼다. 선사 시대 이래로 인류가 전투를 수행해온 방식이 늘 그러했고, 그것을 더 용감하고 과감하게 하는 쪽이 곧잘 승리를 거두곤 했기 때문이었다. 그런데 20세기 초반 기관총이 보편화되자 이러한 방식은 만용에 불과한 것이 돼버렸다. 상대방 진지에 도달하기도 전에 참호에서 쏘아대는 기관총탄에 추풍낙엽처럼 몰살당했다.

그럼에도 불구하고 대전 내내 과거의 방식을 답습한 고루한 장교단에 의해 아까운 목숨들이 너무나 많이 희생되었다. 무의미한 죽음을 강요당하게 되자 전선에서는 사병들을 중심으로 명령 불복종이 일상화되는 지경에 이르게 되었고, 조직적인 반란의 조짐까지 나타나자 그제야 무모한 전술을 버리게 되었다. 과거의 경험이나 두려움을 모르는 군인정신만으로 모든 것을 해결할 수는 없는 일이다.

반대의 상황 또한 나타날 수 있다. 좋은 무기를 가졌다고 해서 무조건 전쟁에서 이기는 것은 아니다. 1895년 1월 이탈리아는 동아프리카의 아비시니아Abyssinia, 즉 지금의 에티오피아를 침공했다. 최강은 아니지만 서구 열강의 하나인 이탈리아 정규군과 구식 무기를 든 아프리카 부족민들로 구성된 아비시니아군의 전투 결말은 뻔해 보였다. 물론 병력상으로는 아비시니아군이 압도적이었다. 12만 명의 아비시니아군에 비해 이탈리아군은 1만 8,000명으로 분명히 수적 열세에 놓여 있었다.

하지만 거의 동일한 시기에 치러진 동학 농민군과 일본군의 지휘를 받은 조선 관군 사이의 우금치 전투와 비교해보면 그 정도의 수적 열세는 큰 문제가 되지 못했다. 1894년 12월 1만 5,000명 정도에 달하는 동학 농민군은 1,850명의 관군과 200명의 일본군으로 구성된 2,050명을 상대로 공주 근방의 우금치 계곡에서 전투를 벌였다. 일본군과 조선 관군의 동학 농민군 대비 병력비는 13.7퍼센트로 이탈리아군이 처한 병력비 15퍼센트보다 오히려 더 낮았다. 그럼에도 불구하고 개틀링 기관총으로 무장한 일본군과 조선 관군은 동학 농민군을 학살하다시피 했고, 결국 전투 후 3,000명의 동학 농민군 잔존 병력은 흩어지고 말았다. 안타까운 역사다.

반면, 이탈리아군은 이 전투에서 크게 패해 8,500명에 달하는 사상자를 내고 결국 아비시니아에서 물러나게 되었다. 무장의 차이나 병력비 등에서 우금치 전투보다 더 유리한 상황이었음에도 불구하고 패배하게 된 것이다. 이러한 사례로 볼 때 단지 무기의 우열만을 가지고 설명할 수 없는 요소가 있음을 분명히 알 수 있다. 이런 이유로 역사를 공부하고 그로부터 교훈을 얻으려고 하는 것이 아니겠는가?

인문학이든 자연과학이든 한 가지만 잘하면 그걸로 족하다는 현대적 생각은 사실 섣부르다 못해 어설프기 짝이 없다. 그런 주장을 하는 사람들은 대개 학자들이다. 왜 그런 주장을 할까? 그래야지 그 좁은 영역 내에서 자신들의 기득권을 유지할 수 있기 때문이다. 자신들의 지적 클론을 생산해내고 세력을 넓혀 그 안에서 권력을 휘두르는 게 학계의 작동 방식이다. 그렇기 때문에 그들은 여러 분야를 넘나드는 르네상스적 인간을 제일 두려워한다. 지식의 계속적인 파편화와 그것으로 인한 철학의 혼란은 실제 세계의 반영이라기보다는 학자들이 만든 인공물일 뿐이라는 진화생물학자 에드워드 윌슨 Edward Wilson의 말은 이런 점에서 두고두고 되새겨볼 만하다.

여기에 또 하나의 관점이 개입될 여지가 있다. 바로 경제의 관점이다. 경제란 자원의 효율적인 활용과 배분에 관심을 갖는 행위로 정의된다. 그리고 경제를 대상으로 하는 일련의 지식을 경제학이라고 칭한다. 알고 보면 경제학은 성격상 꽤나 묘한 구석이 있는 분야다. 윤리적·정치적 가치 체계를 담고 있는 인문적 경제학도 있고, 물리적·계량적 이론으로 점철된 수리과학적 경제학도 있기 때문이다. 스노우의 비판은 여기서도 유효하다. 즉, 인문적 경제학과 수리적 경제학은 물과 기름처럼 섞이지 않는다. 이를 테면 서로 백안시하는 몬터규 집안과 캐퓰렛 집안이 한 지붕 아래서 같이 살고 있는 것과 같다.

보통 경제의 대상으로 돈이나 재화 혹은 서비스를 떠올린다. 물론 그런 것들도 군사경제의 주요 요소들이다. 하지만 한 가지가 더 있다. 바로 병력과 인구다. 사람을 경제에서 하나의 투입 변수로 바라보는 것이 결코 새로운 일은 아니다. 경제학 내에 사람들의 노동력 활용에 주로 관심을 쏟는 노동경제학이라는 분야가 있으니 말이다. 물론, 르네상스 시대 이탈리아 용병에 대한 분석을 예외로 한다면, 전투 상황에서 노동경제학은 대체로 무용지물이다.

군사의 문제는 결국 최선의 의사결정 문제로 귀결된다. 그리고 경제학이 제공해주는 몇 가지 관점은 그러한 의사결정에서 충분히 쓸모가 있다. 전략 수립 시 쓸 수 있는 게임 이론이나 병참, 보급에 관한 최적화 이론 같은 것들이 그 예다. 이런 것은 전쟁의 경제학이라 할 만하다. 또 아예 무기를 만드는 군수산업과 무기 자체에 대한 경제학적 분석 같은 것들도 있을 수 있다. 이런 것은 무기의 경제학이라고 볼 수 있을 듯하다. 그리고 마지막으로 전투 상황 하에서의 병력과 공격력과의 관계를 나타내는 이론이 있을 수 있다. 통상 이를 경제학으로 분류하지는 않는다. 하지만 병력이라고 하는 자원의 최적 활용이 전투의 승패를 좌우함을 생각하면 이를 일컬어 전투의 경제학이라고 부르지 못할 이유가 없다. 즉, 이 책은 일련의 〈군사경제학 3부작〉의 첫 번째 편이다.

내가 이 책을 쓴 이유는 스노우가 지적한 두 문화 사이의 단절을 이어주는 하나의 가교가 되기를 희망해서다. 두 문화는 얼마든지 서로 만날 수 있고, 또 만나야만 완전체가 된다는 것을 이를 통해 보여주고 싶었다. 무엇을 대상으로 보여주면 좋을까 고민한 끝에 군사 분야를 택했다. 역사나 전쟁사를 좋아하는 사람, 수학적 분석을 좋아하는 사람, 그리고 경제의 원리에 관심이 있는 사람 등 다양한 취향의 독자들을 염두에 두고 글을 썼다. 이 책의 이야기를 상징적으로 비유하자면, 전투의 경제적·수리과학적 이론과 역사적 실제 사례가 날줄과 씨줄로 엮인 하나의 촘촘한 누비이불과도 같다.

어려움이 없지는 않았다. 어느 정도 수학적 이론을 얘기하려면 미분방정식을 다루지 않을 수 없다. 그렇다고 그것을 있는 그대로 설명하다가는 모두들 책을 그냥 덮고 말 게다. 그래서 고등학생 정도면 큰 어려움 없이 이해할 수 있도록 정말로 최대한 쉽게 쓰려 했다. 그럼에도 불구하고 혹시라도 있을지 모를 어렵게 느껴지는 구석에 대해서는 너른 양해를 미리 구한다.

2015년 12월
용산 자택 서재에서
권오상

CONTENTS

Homo homini lupus

PART 1
전투경제학 101

CHAPTER 1
사람은 사람에게 늑대다

● "Homo homini lupus(호모 호미니 루푸스)."

"사람은 사람에게 늑대다"로 번역이 되는 위 라틴어 문장은 1642년 영국인 토머스 홉스Thomas Hobbes가 출간한 책 『시민에 대하여De Cive』에 나온다. 인간 사회에서 사람들 간의 본질적 경쟁 관계를 포착한 말로 인식되는 탓에 몇 년 전에는 동명의 연극이 무대에 올려지기도 했을 정도다. 그는 이외에도 『리바이어던Leviathan』이라는 책에서 너무나 유명한 '만인의 만인에 대한 전쟁'이라는 말도 남겼다. 그리하여 홉스 하면, 보통 "인간은 무자비한 투쟁 상태에 놓여 있다"는 사상의 전도사로 인식된다.

사실, 홉스는 그러한 투쟁적 상태가 옳다거나 혹은 필연적이라고 주장한 적은 없었다. 『시민에 대하여』를 보면 그는 "사람은 사람에게 유랑하는 늑대가 될 수도 있고, 또 한편으로는 일종의 신이 될 수도

"Homo homini lupus (사람은 사람에게 늑대다)."

●●● 이 말은 영국 철학자 토머스 홉스의 『시민에 대하여』에서 나오는 라틴어 문장으로, 인간 사회에서 사람들 간의 본질적 경쟁 관계를 포착한 말로 인식되고 있다. 고대 그리스의 전쟁사가였던 투키디데스의 『펠로폰네소스 전쟁사』를 영어로 최초 번역한 장본인이었기에 그누구보다도 고대 그리스 시민국가들 간의 갈등과 전쟁에 대해 정통했던 홉스는, 이 책에서 "사람은 사람에게 유랑하는 늑대가 될 수도 있고, 또 한편으로는 일종의 신이 될 수도 있다"고 얘기했다. 그에 의하면, 시민공동체 내에서라면 사람은 서로 돕는 존재지만, 도시국가들 간에는 서로 싸우고 전쟁을 벌인다는 것이다.

있다"고 얘기했다. 그에 의하면, 시민공동체 내에서라면 사람은 서로 돕는 존재지만, 도시국가들 간에는 서로 싸우고 전쟁을 벌인다. 둘 다 참일 수 있다고 명시적으로 얘기했을 뿐, 무자비한 투쟁 상태만이 유일하다거나 혹은 이를 옹호한 게 아니라는 것은 분명하다.

늑대 얘기를 하면서 홉스가 도시국가들 사이의 전쟁 얘기를 괜히 꺼낸 게 아니다. 홉스는 철학자 혹은 정치철학자로만 알려져 있지만, 사실 그가 관심을 갖고 손을 댄 분야는 한둘이 아니었다. 교구목사의 아들이었던 홉스는 옥스포드 대학교 졸업 후 가정교사로 일하면서 고대 그리스의 전쟁사가였던 투키디데스Thucydides의 『펠로폰네소스 전쟁사』를 영어로 최초 번역한 장본인이기도 했다. 즉, 누구보다도 고대 그리스 시민국가들 간의 갈등과 전쟁에 대해 정통했던 것이다. 그는 전쟁사 외에도 기체역학과 광학과 같은 물리, 기하, 신학, 윤리 등에 대해서도 책과 저술을 남겼다. 다시 말해, 17세기의 지식인들에게 인문과 과학은 세상을 바라보는, 떼어놓을 수 없는 한 쌍의 눈과도 같았다.

홉스에 의해 늑대는 자연의 무자비한 투쟁 상태를 상징하는 대상이 되어버렸다. 그런데 늑대 입장에서 보면 이보다 더 억울한 일은 없을 것 같다. 개과의 동물인 늑대는 사실 길들여지지 않았을 뿐 그렇게 무자비한 동물은 아니다. 캐나다의 한 동물학자가 1년여간 북극 늑대와 함께 지내면서 관찰한 바에 의하면, 늑대는 함부로 공격하지 않으며 가족 부양을 위해 꼭 필요할 때만 순록을 사냥한다. 무분별하게 살생을 범하는 그런 동물이 아니라는 뜻이다. 게다가 늑대는 일부일처제를 준수하며, 어렵게 사냥한 음식물을 게워내 새끼들을 먹이고, 어미가 죽은 새끼 늑대들을 다른 어미 늑대들이 거둬 키운다. 이쯤 되면 인간보다 열등한 존재라고 얘기하기 어렵다.

늑대를 예로 들었지만, 사실 자연계의 약육강식에는 일종의 엄격한 규칙이 있다. 힘센 동물이 약한 동물을 사냥하는 것은 맞지만 이는 오직 생존을 위해서만 행해진다. 다시 말해, 동물의 세계에서 재미나 혹은 생존에 필요한 수준을 넘어 먹이를 쌓아두려는 목적으로 사냥을 하는 경우란 없다.

또한 동종의 동물들끼리 싸우는 일은 극히 드물다. 물론, 무리 내에서 우두머리를 정할 때라든지 또는 무리 간에 영역 다툼이 생긴 경우 싸움이 일어나기는 한다. 하지만 그런 경우조차도 서로를 죽게 할 정도로까지 싸우는 일은 없다. 힘을 겨뤄본 후, 스스로 밀린다 싶은 쪽이 언제 덤볐냐는 듯이 자신의 급소를 드러내고 복종의 제스처를 취한다. 그러면 이긴 쪽 또한 무방비 상태로 노출된 진 쪽의 급소를 공격하지 않는 자제심을 보인다. 맹수들 중에 차라리 다른 먹이를 찾지 못해 굶어 죽을 수는 있을지 몰라도 자기 동족을 공격해 배를 채우는 놈들은 없다.

그렇게 보면, '만인의 만인에 대한 전쟁' 상태는 동물과는 무관한, 인간에게만 고유한 일일 테다. 이것은 어쩌면 인간의 숙명과도 같다. 자신들의 시조를 늑대로 간주하는 로마의 건국 신화를 보면 이러한 관점이 잘 나타나 있다.

지금의 로마 남동쪽 19킬로미터 근방에 위치한 알바 롱가Alba Longa의 왕인 누미토르Numitor에게는 여러 아들과 레아 실비아Rhea Silvia라는 딸이 하나 있었다. 그런데 누미토르의 동생이었던 아물리우스Amulius

는 형을 폐위시키고 스스로 왕위에 올랐다. 그리고 후환을 없애고자 왕자인 누미토르의 아들들을 모두 죽이고 레아 실비아는 베스타 신전의 여사제로 만들어버렸다. 베스타 신전의 여사제에게는 평생 정절의 의무가 부과되기에 누미토르의 후손이 생길 걱정을 덜 수 있기 때문이었다.

한편, 아물리우스의 바람에도 불구하고 레아 실비아는 전쟁의 신 마르스Mars와의 사이에서 남자 쌍둥이를 낳게 되었다. 이 사실을 알게 된 아물리우스는 펄펄 뛰었고, 즉시 죽이라는 명령을 내렸다. 일말의 죄책감 때문이었을까, 물리적으로 목숨을 끊지 않고 조그만 뗏목에 태워 티베르Tiber 강에 떠내려가게 했다. 갓난아기가 강에 빠졌으니 물론 정상적인 상황에서라면 죽고 말았을 것이다.

그런데 신비하게도, 쌍둥이는 암컷 늑대에 의해 건져져 그 젖을 먹고 생명을 부지하게 되었다.* 그 이후 한 양치기 부부가 늑대의 젖을 먹고 있던 쌍둥이를 발견하여 거둬 양치기로 키웠고, 이들은 무럭무럭 자라 나중에 삼촌 아물리우스를 죽이고 외할아버지인 누미토르에게 왕위를 되찾아주었다. 그 후 쌍둥이 형제의 형인 로물루스Romulus는 알바 롱가를 떠나 새로운 도시를 세웠고, 그게 로마가 되었다는 것이 바로 로마의 건국 신화다. 짐작할 수 있다시피, 로마라는 이름 자체가 로물루스로부터 나왔다.

자신들 혈통의 특별함을 주장하고 싶은 것은 개인이나 국가나 매

---

* 암컷 늑대가 젖을 물린 얘기에 묻혀 덜 알려져 있지만, 같은 때에 딱따구리도 과일 등의 먹을 것을 물어다 주었다고도 한다.

일반이다. 로마인들은 늑대 젖을 먹고 자란 특별한 인물이 자신들의 선조임을 내세웠다. 즉, 스스로를 남다른 존재라고 자부했다. 게다가 로물루스의 아버지는 인간이 아닌 신, 그것도 전쟁을 관장하는 신이다. 서양 문명 전반에 공격적이고 호전적인 본성이 뿌리 내리고 있는 원인에는 이러한 역사적 배경도 한몫한다. 전적으로 그렇다고 얘기하기 어렵다는 것은 잘 알고 있지만, 제국주의가 서양에서 시작되고 동양에서는 거의 나타나지 않았다는 역사적 사실 또한 "아니 뗀 굴뚝에 연기 날까?" 하는 심정으로 바라보게 된다.

보다 근본적으로 '만인의 만인에 대한 전쟁'의 기저에는 보다 큰 권력을 갈망하는 인간의 탐욕이 깔려 있다. 생존을 위해서가 아니라 더 큰 부와 세력, 그리고 영토를 갖기 위해 전쟁에 나선다. 그리고 필요 이상의 폭력을 행사한다. 반란의 씨를 제거하기 위해 성인 남자는 모조리 죽여버리고 어린 아이들과 여자들은 노예로 삼아버리거나, 혹은 항복했음에도 불구하고 마을 인구 전체를 몰살시켜버리곤 했던 과거의 역사적 만행들은 아프리카 등에서 아직도 현재진행형이다. 또 앞 세대가 흘린 피를 갚고자 복수에 나선다. 그렇게 시간이 지나고 나면 애초의 원인 제공자가 누구냐 하는 건 불분명해지고 상호간의 극단적인 적대 관계만 남게 된다. 이슬람교 국가들과 기독교 국가들 간의 천 년도 넘는 오랜 악연이 대표적인 예다.

로마인들의 로물루스 건국 신화에는 사실 묘한 구석이 있다. 아까 늑대가 젖을 물려 키운 게 남자 쌍둥이였다는 사실을 다시 떠올려보자. 로물루스가 쌍둥이 형이라고 했으니까 분명 쌍둥이 동생의 존재도 있을 법하다. 로마 원로원 의원이었던 파비우스 픽토르Fabius Pictor

가 기원전 2세기경에 쓴 글에 의하면 동생의 이름은 레무스Remus다. 레무스가 로물루스와 함께 아물리우스를 죽인 후, 어디에 새로운 도시를 세울 것인가를 갖고 형제간에 의견이 맞지 않았다. 피를 나눈 형제라는 남다른 인연을 감안하면 원만히 해결할 수도 있었건만 둘은 서로 칼을 겨눴고, 결국 레무스는 로물루스에 의해 죽임을 당했다. 그러니까 레무스가 로마의 건국에 기여한 바는 없다. 나아가 로마의 역사는 시초부터 쌍둥이 동생의 피로 얼룩져 있다는 말이기도 하다.

가족 간에도 권력을 탐하여 죽음을 불사하고 다투는 일은 인류의 역사에서 결코 드문 일이 아니다. 서양 문명은 크게 보면 로마 제국과 기독교라는 2개의 기둥에 의지하고 있는데, 나머지 한 축인 기독교 또한 형제 살해가 낯설지 않다. 가장 상징적인 예는 구약의 창세기 4장에 나오는 카인과 아벨의 얘기다. 카인과 아벨은 구약이 전하는 최초의 인간 아담과 하와의 첫째, 둘째 아들로서, 카인은 농부로 자랐고 아벨은 양치기로 성장했다. 그런데 신이 카인이 바친 곡물은 거들떠보지도 않은 반면 아벨이 바친 어린 양은 흡족히 여기자, 카인은 분을 참을 수가 없었다. 그리하여 동생 아벨을 들판으로 불러내어 결국 죽여버리고 말았던 것이다. 기독교 문명권에서는 이를 인류 최초의 살인이라고 칭하기도 한다.

보기에 따라 꽤 잔인한 위 얘기를 인류학적으로 이해해보려는 시도들도 없지 않다. 가령, 카인은 농경 문화 혹은 농경 민족을 상징하고, 아벨은 유목 문화 혹은 유목 민족을 상징한다고 보는 것이다. 그리고 농경 민족에 대한 유목 민족의 우월함을 표출하기 위해 이러한 이야기를 하고 있다는 결론을 내린다. 구약이 순수한 의미의 역사서

●●● 가족 간에도 권력을 탐하여 죽음을 불사하고 다투는 일은 인류의 역사에서 결코 드문 일이 아
니다. 가장 상징적인 예는 구약의 창세기 4장에 나오는 카인과 아벨의 얘기다. 카인과 아벨은 구약이
전하는 최초의 인간 아담과 하와의 첫째, 둘째 아들이다. 그런데 신이 농부인 카인이 바친 곡물은 거
들떠보지도 않으면서 양치기인 아벨이 바친 어린 양은 흡족히 여기자, 카인은 분을 참을 수가 없어서
동생 아벨을 죽인다. 기독교 문명권에서는 이를 인류 최초의 살인이라고 칭하기도 한다. 그림은 필립
메드허스트(Phillip Medhurst)의 작품 〈카인이 아벨을 죽이다(Cain murders Abel)〉. (Wikimedia
Commons CC-BY-SA 3.0)

는 아닐지라도 유대인들의 역사서의 성격도 전혀 없다고 보기는 어려운 점을 감안하면 일견 수긍이 간다. 전통적으로 히브리인들은 궁핍한 유목민이었던 반면, 유대인이 아닌 가나안 사람들은 문화적·경제적으로 보다 풍요로운 농경민이었다. 자기네 조상인 히브리인들의 우월성을 강조하고 싶은 마음에 나오게 된 얘기가 아닌가 하는 것이다.

이유가 무엇이었건 간에, 형제들 간에, 이방인들 간에, 그리고 국가 간에도 서로 목숨을 빼앗는 분쟁은 늘 있어왔다. 미래에 언젠가는 이러한 분쟁이 사라질 수 있을까? 역사가 발전한다면 좋은 일이고, 종족으로서 인류가 과거보다 더 나아질 수 있다는 희망을 지레 포기할 필요는 없다. 인간은 결국 죽기 마련이지만, 그렇다고 해서 살아 있는 동안의 모든 선행과 덕행이 무의미하지는 않으므로. 그렇지만 인간 사회에서 가까운 장래에 모든 싸움이 사라질 것 같지는 않다. 그렇기 때문에, 우리는 여전히 전쟁에 대해 관심을 갖고 더 많이 이해하려고 해야 한다. 그것은 서로를 죽이도록 운명 지워진 인간에게 주어진 하나의 의무다.

이제 각각의 용어들을 명확히 해보도록 하자. 제일 먼저 필요한 일은 전쟁과 전투의 구별이다. 둘의 구별이 칼로 무 자르듯 될 일은 아니지만, 그렇다고 해서 구별이 전혀 안 되는 것 또한 아니다. 우선 전쟁에 대해 얘기해보자. 전쟁의 주체는 대개 국가이고, 경우에 따라서는 국가 내의 두 세력 간에 벌어지는 경우도 있다. 전쟁을 나타내는 영어 단어 war는 werran이라는 고대 색슨어 또는 고대 고지 독일어에서 유래된 것으로, 원래의 의미는 '혼란스럽게 만들다'는 뜻이었다.

전쟁에 대한 책이면 거의 예외 없이 첫머리에 등장하는 문장이 하나 있다. 바로 프로이센의 군인 클라우제비츠^{Carl von Clausewitz}가 쓴 책 『전쟁론^{Vom Kriege}』에 나오는 "전쟁은 다른 수단에 의해 행해지는 정치 (외교)의 연속이다"라는 표현이다. 사실 클라우제비츠의 저서를 제대로 읽어본 사람은 별로 없다. 그리고 읽어보면 난해하고 재미가 없어 끝까지 읽기가 쉽지 않다. 그럼에도 불구하고 위의 문장은 마치 약방의 감초처럼 언급되고 회자된다.

전쟁이 정치의 연속이라는 말이 그렇게까지 심오한 것인지 나는 군사 분야에 관심을 갖기 시작한 10대 소년 시절부터 의문스러웠다. 전쟁을 일으키려는 세력이 그러면 자선이나 교육을 목적으로 전쟁을 일으킬 리는 없지 않겠는가? 전쟁을 해온 이들은 권력을 탈취하고 세력을 넓히고 영토를 늘리기 위해 전쟁을 일으켜왔다. 클라우제비츠가 위처럼 얘기하기 전이나 후나 달라진 것은 아무것도 없다.

전쟁은 시간적, 그리고 공간적으로 넓게 퍼져 있는 싸움이다. 시간적으로 짧으면 이스라엘과 아랍 국가들 간에 벌어졌던 1967년의 제3차 중동전처럼 단 6일 만에 끝나는 경우도 있고, 길면 프랑스와 영국 간에 1337년부터 벌어졌던 이른바 백년전쟁처럼 116년간 계속될 수도 있다. 일부 사람들은 1096년부터 200년 가까이 계속된 십자군의 8차례 원정을 하나의 전쟁으로 분류하기도 하는데, 만약 이를 받아들인다면 전쟁의 최장 기록은 십자군 전쟁의 차지다. 공간적으로도 전쟁은 거의 예외 없이 보다 광범위한 지역에 걸쳐 벌어진다. 한편, 아무리 시간이 길어도 싸움의 지역이 어느 특정한 한곳에 집중된다면 전쟁으로 분류되지 않는 경향이 있다.

역사적인 기록이 남아 있는 인류 최초의 전쟁은 지금으로부터 기원전 2700년경에 벌어졌다. 메소포타미아를 놓고 수메르Sumer와 엘람Elam 사이에 벌어진 전쟁으로, 이 전쟁에서 수메르인들은 키쉬Kish의 왕 엔메바라게시Enmebaragesi의 지휘 하에 엘람인들을 물리쳤다. 물론 말할 것도 없이 이 전쟁이 인류가 치른 최초의 전쟁일 리는 만무하다.

가령, 키쉬 왕국의 유적지에서는 전쟁 중인 군대를 나타내는 그림문자를 찾아볼 수 있다. 이 유적지는 기원전 3500년 정도에 건설된 것으로 알려졌다. 또 현존하는 고대 도시 유적지 중 가장 오래된 곳 중의 하나인 요르단Jordan 강 서안의 예리코Jericho에는 높이가 4미터에 달하고 두께가 3미터에 달하는 성벽을 가진 요새가 발견되었다. 이 요새는 기원전 7000년경에 세워진 것으로 추정된다. 이 정도 크기의 요새의 존재는 당시 전쟁 행위가 충분히 있었으리라는 것을 입증해주고 있다. 참고로 기원전 7000년은 아직 청동기 시대가 도래하기 이전의 신석기 시대에 해당된다.

반면, 전투는 전쟁에 비해 시간과 공간 모두 한정적이다. 특히, 공간상의 제약이 결정적이다. 즉, 꽤 긴 시간 동안 싸움이 벌어지더라도 그 장소가 한곳일 경우에는 전쟁이라고 부르지 않고 전투로 분류한다. 전투는 부대 간에 이루어지며, 한쪽이 전멸되거나, 항복하거나, 혹은 후퇴하면 끝이 난다. 그리고 동시에 혹은 순차적으로 치러지는 여러 개의 전투들이 모여서 결국은 하나의 전쟁을 구성하게 된다.

다시 한 번 주의를 환기시키자면, 이 책은 전쟁이 아니라 전투의 경제학을 다루는 책이다. 즉, 전체 전쟁이 아닌, 전쟁을 구성하는 개별 전투에 대해 경제의 관점으로 바라보는 것이다.

얘기한 김에 전쟁과 전투의 구별과 꽤 긴밀한 관련성을 갖는 다른 개념도 소개하겠다. 그것은 전략과 전술이다. 전략은 전쟁을 전반적으로 이끌어가는 방법이자 책략이며, 전술보다 상위의 개념이다. 그에 반해, 전술은 전투 상황에 대처하기 위한 기술과 방법으로, 전략의 하위 개념이다. 그러니까 전략은 전쟁을 해나가는 기술이고, 전술은 전투를 해나가는 기술이다. 따라서 이 책이 전술에 대해 언급

하는 일은 있어도, 전략을 다룰 일은 없다고 봐도 무방하겠다.

한 가지 지적하고 싶은 사실이 있다. 바로 개별 전투가 모여서 하나의 전쟁을 이루기는 하지만, 전쟁의 최종 결과는 개별 전투의 결과와 무관할 수 있다는 점이다. 즉, 각각의 전투에서는 승리했지만, 결국 전쟁에 지거나 승리하지 못하는 경우도 있을 수 있다는 얘기다. 대표적인 예가 바로 이스라엘과 이집트, 시리아 사이의 제4차 중동전이다. 인구나 영토 등을 보면 이스라엘은 주위를 둘러싼 아랍 국가들에 비해 확연한 열세에 놓여 있었다. 그럼에도 불구하고 이전의 세 차례의 전쟁에서 이스라엘은 번번이 승리를 거뒀다.

YOM KIPPUR WAR

●●● 1973년 10월 6일 개시된 제4차 중동전(욤키푸르 전쟁)에서 이집트는 대부분의 전투에서 이스라엘에 큰 타격을 가했다. 그럼에도 미국의 이스라엘에 대한 지원과 소련의 중재로 인해 결국은 어정쩡한 상태로 정전 협정을 맺을 수밖에 없었다. 전투에서는 이겼지만 전쟁에서 승리하지는 못했던 것이다. 즉, 개별 전투가 모여서 하나의 전쟁을 이루기는 하지만, 전쟁의 최종 결과는 개별 전투의 결과와 무관할 수 있다.

그러자 이스라엘은 자국의 군사력이 무적이라는 자만심에 빠지게 되었고 아랍 국가들의 공격 가능성에 대해 방심하게 되었다. 반면, 세 번 연달아 패배한 아랍 국가들은 와신상담의 심정으로 전쟁을 준비했다. 1973년 10월 6일 개시된 네 번째 전쟁에서 이집트는 대부분의 전투에서 이스라엘에 큰 타격을 가했다. 그럼에도 미국의 이스라엘에 대한 지원과 소련의 중재로 인해 결국은 어정쩡한 상태로 정전 협정을 맺을 수밖에 없었다. 전투에서는 이겼지만 전쟁에서 승리하지는 못했던 것이다. 즉, 전체는 부분의 합과 전적으로 같지는 않다.

하나의 전쟁이 일련의 전투들로 구성되는 것처럼, 하나의 전투 또한 일련의 대결 상황들의 모음일 수 있다. 그 일련의 대결 상황들을 잘게 나누다 보면, 결국 아군 1명과 적군 1명 사이의 일대일 대결 상황까지 도달하게 된다. 즉, 물질의 기본 구성단위가 원자이듯, 전투의 기본 구성단위는 일대일 대결이라고 볼 수 있다. 전투의 역사를 살펴보면, 이러한 일대일 대결에 대표성과 상징성을 부여했던 적도 있었다. 무슨 말인고 하니, 양 부대를 대표하는 군인을 1명씩 뽑아 그 2명 간의 일대일 대결 결과에 따라 전투의 승패를 결정짓기도 했다는 뜻이다. 이 책에서는 필요할 때마다 이러한 일대일 대결을 기본 구성단위로 하여 전투의 경제학을 설명할 예정이다. 조금 현학적으로 표현하자면, 전투를 미분의 관점으로 바라보겠다는 것이다. 미분이라는 말에 지레 겁을 집어 먹지는 마시길. 나중에 다 쉽게 설명할 예정이다.

화제를 좀 바꿔, 우리말로는 둘 다 전투로 번역되는 2개의 영어 단어를 비교해보도록 하자. 바로 battle과 combat이 그 대상이다.

영어 사전이나 군사학 사전을 찾아봐도 특별한 차이가 눈에 띄지는 않고, 여러 경우에 두 단어는 상호간에 대체가 가능하다. 하지만 그럼에도 불구하고 둘 사이에는 미묘한 뉘앙스의 차이가 분명히 존재한다.

　Battle은 전쟁을 구성하는 기본 단위로서의 전투로 봐도 무방하다. 그렇기에 한 장소 혹은 한정된 지역에서 벌어지며, 대신 시간적으로는 충분히 길 수 있다. 두 가지 예로써 이를 설명해보자. 제2차 세계대전 때 영국 상공의 제공권을 놓고 영국과 독일 양국이 벌였던 영국 본토 항공전과 러일전쟁에서 랴오둥遼東 반도의 뤼순旅順을 놓고 러시아와 일본이 벌인 뤼순 전투 혹은 뤼순 공략은 둘 다 영어로 battle에 해당한다.*

　영국 본토 항공전은 1940년 7월 10일부터 10월 31일까지 3개월 3주간 펼쳐졌다. 영국 본토 상륙을 위해 영국 공군의 무력화를 목표로 했던 독일과 이에 맞선 영국 사이에 치열한 공중전이 날마다 영국 및 도버 해협의 상공에서 벌어졌고, 그 결과 영국은 1,547대의 항공기를 잃은 반면 독일은 1,887대의 항공기를 잃었다. 더 많은 손실을 입었을 뿐만 아니라, 결과적으로 영국의 제공권을 장악하는 데 실패한 독일은 결국 육·해군을 통한 영국 침공을 접어야 했다.

　또 다른 예인 뤼순 전투는 러시아의 발트해 함대가 일본의 연합 함대에 괴멸당한 쓰시마 해전과 함께 러일전쟁의 향배를 결정지은

---

* 영어로 전자는 Battle of Britain이며, 후자는 Battle of Port Arthur다. 현재 중국의 도시인 뤼순은 서방에는 아서 항으로 알려져 있다.

유명한 전투다. 러일전쟁은 1904년 2월 8일 일본 함대가 뤼순 항에 정박한 러시아의 태평양함대를 기습함으로써 발발했다. 이와 동시에 뤼순 전투가 시작되었고, 뤼순에 주둔한 러시아군이 항복한 1905년 1월 2일까지 1년 가까이 지속되었다. 러일전쟁이 1905년 9월 5일에 끝이 났으니, 뤼순 전투는 전체 전쟁 기간의 반이 넘는 시간 동안 계속되었던 것이다. 특히, 요새화된 지역에 대해 무식하고도 비인간적인 돌격을 감행한 탓으로 일본 육군이 엄청난 규모의 병력 손실을 입은 것으로도 유명하다. 공식적인 기록에 의하면, 러시아군은 3만 1,306명의 사상자가 발생했고, 일본군은 5만 7,780명의 사상자가 발생했다.

위의 두 전투를 보면, 하나의 battle을 구성하는 보다 작은 규모의 전투들이 있을 것임을 짐작해볼 수 있다. 그리고 그 지속 시간도 battle보다는 훨씬 짧다. 가령, 영국 본토 방공전이라면, 1940년 8월 28일 오후 1시경 약 100대의 독일 공군기가 영국의 록포드에 위치한 비행장을 공습하여 9대의 독일 비행기가 격추된 공중전을 생각해볼 수 있다. 혹은 뤼순 전투에서 1904년 9월 20일에 개시된 203 고지에 대한 일본군의 첫 번째 보병 돌격이 이틀 만에 2,500여 명의 사상자를 내고 성과 없이 물러난 것 또한 그 예다. 이러한 소규모 전투가 바로 combat이다.

이 책의 뒤에 나올 전투의 경제적 분석은 일차적으로는 combat을 염두에 두고 있다. 하지만 여러 개의 combat이 합쳐져 다시 하나의 battle을 이루게 되니 battle이라고 해서 전혀 해당 사항이 없다고는 볼 수는 없다. 특히, 전투에서 발생하는 사상자의 비율, 이른바 손실교환비를 나중에 설명할 텐데, 손실교환비에 대한 대부분의 자료가 combat 수준보다는 battle 수준에서 관리되고 있음을 생각하면 기준을 약간 너그럽게 가져가는 건 피치 못한 면이 있다.

세계 최초의 전쟁이 무엇이냐는 질문이 무식한 만큼, 세계 최초의 전투가 뭐냐는 질문도 하나 마나 한 질문이다. 하지만 상세한 역사적 기록이 남아 있는 최초의 사례를 묻는 것은 충분히 이해할 만하다. 이에 대해 역사가들은 통상 기원전 1479년*에 벌어진 이른바 메기도 전투Battle of Megiddo를 든다. 이집트의 지배를 받던 가나안Canaan, 메기도Megiddo, 카데쉬Kadesh, 미탄니Mitanni 등이 카데쉬 왕의 지휘 아래 뭉쳐 군대를 일으켜 투트모세 3세Thutmose III의 이집트 군대와 대결한 전투다.

요새화된 도시인 메기도 근방에서 벌어진 이 전투에서 양군은 신기할 정도로 같은 수의 병력을 동원했다. 칼과 창 등으로 무장한 보병이 1만 명, 그리고 병거兵車: Chariot병이 1,000명, 도합 1만 1,000명이었다. 병거는 둘에서 네 마리 정도의 말이 끄는 수레로 보통 2명에서 3명 정도의 병사들이 올라탄 전투 병기다.** 이를 일부에서는 전차戰車라고 부르는 경우도 있는데, 바람직하지 못한 언어 습관의 결과다. 왜냐하면, 20세기 초반 영국이 최초로 만든 탱크Tank를 전차라고 번역해 부르고 있어, 이와 구별이 되지 않기 때문이다. 굳이 같은

---

* 이집트 상형문자로 된 기록을 가지고 역산하는 것이라, 기원전 1457년 혹은 1482년이라는 의견도 있다.

** 그중 1명은 마부 역할을 전담해야 하기 때문에, 활이나 창으로 공격하는 병사의 수는 그만큼 준다.

한자를 써야 한다면, 전차 대신 전거라고 읽는 방법도 있다.

대결한 부대들의 병력 수도 같고, 심지어는 병력의 구성도 같은 메기도 전투의 승자는 누구였을까? 비현실적인 가정이지만, 두 부대 병사들의 전투력도 같고, 그 외 지휘관의 작전 능력, 병사들의 사기, 지형과 기후 조건 등마저도 같았다면, 어느 쪽도 승자가 될 수는 없었을 것으로 짐작해볼 수 있다. 즉, 비기고 말았을 것이다. 이러한 결론을 내리는 데에는 결코 고등 수학이 필요치 않다.

그런데 전통적으로 이집트는 병거를 잘 쓰는 것으로 정평이 나 있는 나라였다. 메기도 전투 후 약 170년 후에 히타이트Hittite와 벌인 카데쉬 전투Battle of Kadesh에서도 이집트 전거병들은 정예 병력으로서의 능력을 발휘한 바 있다. 그래서일까, 메기도 전투의 최종 승자는 이집트였다. 기록에 의하면, 가나안군은 83명이 죽고 340명이 포로로 잡히는 피해를 입은 채 메기도 요새로 퇴각했다고 한다. 그 후 7개월간 요새 방어전을 펼쳤지만 결국 이집트군에 항복했다.

성경에 친숙한 사람이라면, 요한계시록에 나오는 아마겟돈Harmagedon이라는 지명을 들어봤을 것이다. 선과 악 사이에 최후의 전투가 벌어지는 곳으로 알려진 아마겟돈은 바로 '메기도의 언덕'이라는 뜻의 히브리어다. 그러니까 어쩌면 이 세상 최초의 전투와 최후의 전투의 전장이 같은 곳일지도 모를 일이다. 혹은 메기도 전투가 당시의 사람들에게 워낙 강렬한 인상을 남겼던 것일 수도 있다.

CHAPTER 2
전투의 결과를 결정짓는 3대 요소

● 한정된 지역에서 두 부대가 서로 대결하는 상황이 전투라고 할 때, 궁극적으로 전투에서 중요시되는 것이 무엇일까? 바로 전투의 승패가 아닐까 싶다. 이 말의 의미를 누구보다도 절감하는 사람들이 바로 지휘관들이다. 부대를 이끄는 지휘관의 입장에서 이보다 더 중요한 일은 없다. 특히, 초급 지휘관들은 이를 위해 목숨을 걸고 병사들과 함께 전장에 나선다.

위에서 전투의 승패가 중요하다고 대수롭지 않은 듯 말했지만, 그게 그렇게 단순한 문제는 아니다. 승패라고 하는 이분법적인 구분이 실제로는 불가능한 경우가 꽤 있을 수 있기 때문이다. 좀 더 엄밀하게 말하자면, 부대가 자신들에게 주어진 임무를 달성했느냐 못했느냐가 중요하다. 그리고 그러한 임무의 성격은 굉장히 다양할 수 있다. 특정 고지나 지역을 빼앗으려는 공격과 반대로 지키려는 방어는 성격상 명백히 구별된다. 또한 지역이 목표가 아니고 오직 상대방 부대의 전투력 와해나 소멸을 목표로 하는 경우도 있을 수 있다. 양쪽의 군대가 일대 회전을 벌여 승패를 가르는 경우가 그 예로, 특히 해전이나 공중전에서 흔히 발견된다.

전투 상황을 단순하게 이상화시켜보면 결국 전투가 끝났을 때 피아간의 병력 비교가 어떻게 되는가, 그리고 전투에서 입은 피해는 서로 얼마나 큰가로 귀결된다. 숫자를 통해 예를 들어보자. 전투 전에 양군 모두 동급의 군함 10척을 갖고 있었다고 할 때, 전투 후 백군은 4척이 잔존하고 흑군은 1척 남았다면 백군이 흑군에 승리했다고 볼 수 있을 것이다. 이후의 제해권이 백군의 손에 있을 가능성이 높기 때문이다. 한편, 관점을 잔존 병력에서 피해 규모로 바꾸어보면, 백군은 6척의 피해를 입었고 흑군은 9척이 침몰되어 여전히 백군의 승리로 판단할 수 있다.

물론, 적에게 피해를 많이 입혀도 임무 달성에 실패했을 수도 있고 반대로 큰 피해를 입었지만 임무를 완수한 특수한 상황들도 얼마든지 있을 수 있다. 가령, 요새에 주둔한 2만 명의 병력으로 공성군 5만 명의 공격을 막아내야 하는 상황을 생각해보자. 열심히 분투한 결과, 아군 피해 2만 명 대 적군 피해 4만 명의 결과를 얻었다고 해보자. 분명 손실이라는 입장에서 아군이 분전한 것은 사실이지만, 결과적으로 전멸을 당해 요새를 빼앗겼다는 면에서는 패배했다고 봐야 할 것 같다. 공격군 또한 요새를 점령하기는 했지만, 병력상 손실이 막대하다는 점에서 값비싼 승리, 이른바 '피루스의 승리Pyrrhic victory'를 거뒀다고 해야 할 듯싶다.

말이 나온 김에, '피루스의 승리'에 대해 좀 더 설명해보자. 기원전 280년부터 5년간 그리스와 로마 사이에 벌어진 피루스 전쟁에서 그리스의 핵심 세력이었던 에피루스^{Epirus}의 피루스^{Pyrrhus} 왕이 거뒀다는 승리에서 유래된 말로, 이기기는 했지만 워낙 피해가 막심해 이기지 않은 것만 못한 결과가 발생한 것을 의미한다. 현재의 알바니아와 그리스에 걸쳐 있던 당시의 에피루스와 마케도니아^{Macedonia} 등이 그리스 편을 이뤘고, 로마 쪽에는 로마^{Roma}, 삼니움^{Samnium}, 에트루리아^{Etruria} 등이 있었다. 나중에 철천지원수가 되는 카르타고^{Carthago}가 이 전쟁에서는 로마 편에 섰던 것이 이채롭다면 이채롭다.

그렇더라도 피루스는 사실 빼어난 지휘관이었다. 일례로, 한니발$^{Hannibal\ Barca}$이 나중에 로마의 스키피오 아프리카누스$^{Scipio\ Africanus}$의 포로가 된 후 역사상 최고의 명장으로 알렉산드로스$^{Alexandros\ the\ Great}$를 뽑은 데 이어 두 번째로 뽑은 사람이 바로 피루스였다. 그런 후 자신을 세 번째로 뽑았으니, 피루스가 자신보다 더 위대한 지휘관이라고 한니발이 생각했다는 얘기가 된다.

워낙 병력 차가 처음부터 크게 나는 특수한 상황을 제외하면, 그리고 전투의 임무가 적 부대의 전투력 소모와 무관한 상황도 제외한다면, 결국 전투의 결과를 가름하는 궁극의 변수는 양 부대가 입은 피해의 규모라고 얘기할 수 있다. 군사학에서는 통상 이를 손실교환비$^{loss\ exchange\ ratio}$라고 부르며, 공중전의 경우에는 격추비율$^{kill\ ratio}$이라는 용어도 많이 쓴다.

손실교환비의 계산은 매우 쉽다. 가령, 한 전투에서 아군이 입은 피해가 2만 명인데, 적군이 입은 피해가 3만 명이라면, 손실교환비는 2:3이 된다. 손실교환비는 전투를 경제의 관점으로 바라볼 수 있게 해주는 핵심적인 요소라고 할 만하다. 특히, 소모전의 상황이라면 더더욱 그렇다.

전투의 승패는 결국 아군의 피해보다 적군의 피해를 크게 하는 것으로 귀결된다는, 완벽하지는 않지만 그럼에도 충분히 참고할 만한 명제를 받아들인다고 했을 때, 그 다음 문제는 그러면 무엇이 그러한 손실교환비에 영향을 주는가가 될 테다. 다시 말해, 전투의 승패를 가름하는 요소 중 중요한 것에 어떠한 것이 있느냐는 질문이다.

여러 가지 다양한 요소 중에 가장 중요한 것을 뽑는다면 세 가지를 고를 만하다. 첫째, 병력의 양, 즉 수적 규모다. 둘째, 병력의 질, 즉 병사의 전투력이다. 그리고 셋째, 부대 지휘관의 지휘 능력, 즉 전술이다.

물론, 여기에 언급되지 않은 많은 기타 다른 요소들이 있을 수 있다. 가장 대표적인 것이 바로 병사들의 사기다. 싸우고자 하는 의지는 객관적으로 계량화하기 어렵고, 또 예측이나 관찰도 쉽지 않다. 하지만 사기가 전투의 승패에 미치는 영향은 절대로 무시할 수 없다. 또 다른 요소로 날씨나 기후가 있을 수 있다. 가령, 활을 쏘는 부대 입장에서 바람을 등지고 싸우느냐 아니면 바람을 마주 보고 싸우느냐에 따라 전투 결과는 확연히 달라질 수 있다.

마찬가지로, 지형도 무시할 수 없는 중요한 요소다. 낮은 곳보다는 높은 곳이 지구 중력의 이점을 얻을 수 있어 방어든 공격이든 유리하다. 실제 군대가 수행하는 전쟁 시뮬레이션 훈련인 워 게임$^{war\ game}$에서 좀 전에 언급한 요소들을 다 고려하여 결과를 판정한다. 하지만 이러한 요소들이 중요하지 않은 것은 아니나, 이미 언급한 바와 같이 계량화·일반화가 어렵기 때문에 이 책의 논의에서는 배제했다. 중요하지 않아서 배제한 것이 아님을 다시 한 번 강조한다.

이제 위에서 언급한 세 가지 요소에 대해서 좀 더 자세히 알아보도록 하자. 제일 중요한 첫 번째 요소는 뭐니뭐니해도 역시 병력의 규모다. 역사적으로 보면, 승리의 여신은 대개 보다 많은 병력을 보유한 부대에게 웃음을 지어 보였다. 상식적으로 생각해봐도 이는 당연한 일이다. 병력의 크기라는 요소가 워낙 결정적이다 보니, 병력의 열세를 딛고 전투에서 승리하는 경우는 아주 예외적인 경우에 속한다. 우리가 역사를 통해 이름을 들어본 장군들은 대개 그런 예외적인 범주에 속하는 사람들로, 그런 결과를 당연시하다가는 큰코다치기 십상이다.

심지어, 전술의 대가로 위의 예외적 존재의 반열에 오른 나폴레옹Napoléon Bonaparte조차도 다음과 같은 말을 남겼다. "신은 다수의 대대 편에 있다"고. 나폴레옹이 치른 마지막 전투인 워털루 전투Battle of Waterloo에서 프랑스군은 7만 3,000명인 반면, 웰링턴Arthur Wellesley Wellington 휘하의 영국군이 6만 8,000명, 그리고 블뤼허Gebhard Leberecht von Blücher 휘하의 프로이센군이 5만 명이었음을 감안하면, 나폴레옹의 패배는 어쩌면 이미 결정되어 있었던 것일 수도 있다는 얘기다. 참고로, 이 전투에서 프랑스군은 3만 4,000명의 사상자가, 그리고 영국-프로이센 연합군은 2만 4,000명의 사상자가 발생하여, 프랑스 대 영국-프로이센 손실교환비는 34:24, 즉 약 1.42:1이었다.

물론, 나폴레옹은 워털루 전투 이전에도 수차례 병력상의 열세를 믿고 싸웠다. 그리고 놀랍게도 거의 대부분 이겼다. 그렇기 때문에 워털루 전투에서도 이기는 게 당연하지 않겠는가 하는 기대가 있었던 것이다. 가령, 1805년의 아우스터리츠 전투Battle of Austerlitz에서 6만 7,000명 대 8만 5,400명의 전투를 벌여 8,245:1만 6,000, 즉, 약 0.52:1이라는 손실교환비를 거뒀으며, 1806년의 예나 전투Battle of Jena에서는 4만 명 대 6만 명이 싸움에서 7,500:1만, 즉, 0.75:1이라는 손실교환비를 거뒀다. 예나 전투와 같은 때 치러진 아우어슈테트 전투Battle of Auerstedt에서는 2만 7,000명 대 6만 500명이라는 압도적으로 불리한 상황에서 7,420:1만 3,000, 즉, 약 0.57:1이라는 놀라운 손실교환비를 얻었다.

병력이 적음에도 불구하고 더 많은 병력을 보유한 부대를 물리칠 수 있음은 크게 두 가지로 설명할 수 있다. 전투의 3대 요소 중의 두 번째인 병력의 질, 즉 병사의 전투력이 그중 하나다. 모든 사람의 신체적인 조건이 전적으로 같지는 않기에 분명히 더 잘 싸우는 병사와 그렇지 못한 병사가 존재한다는 것은 의심의 여지가 없다. 신체적인 조건에 더해 얼마나 훈련이 되어 있는가 또한 병사들의 전투력에 틀림 없이 영향을 미친다. 그리고 또 하나의 요인으로서 소유한 무기의 차이가 있을 수 있다. 병사의 전투력에 대해서는 이 장의 뒤쪽에서 다시 한 번 보다 자세히 살펴보려고 한다.

마지막 세 번째 요소로 지휘관의 지휘 능력, 즉 전술이 있다. 이 또한 병사의 우수한 전투력과 마찬가지로 병력의 적음을 극복할 수 있는 요인에 속한다. 육군 부대의 전술 하면, 역사적으로 두 사람이 떠오른다. 카르타고의 맹장 한니발과 테베Thebes의 에파미논다스

Epaminondas다. 둘 다 적은 병력, 그리고 심지어 병사의 열세한 전투력을 오로지 지휘관의 전술로서 극복해낸 장본인들이다. 그들이 사용했던 전술은 하나의 교과서적 사례가 되어 각국의 장교들은 예외 없이 이를 배우고 훈련한다.

카르타고와 로마 사이에 벌어진 제2차 포에니 전쟁에서 한니발은 트레비아 전투Battle of the Trebia, 트라시메네 전투Battle of Lake Trasimene, 그리고 모든 육군 장교들의 꿈과도 같은 칸나이 전투Battle of Cannae까지 세 번의 중요한 전투를 치렀다. 특히, 칸나이 전투는 지금 복기해봐도 '어떻게 이런 일이 가능할 수 있었지?' 하는 생각이 들 정도로 놀랍다. 우선, 전체 병력비가 5만 명 대 8만 6,400명으로 확연한 열세였다.

부대의 병력 구성을 뜯어봐도 결론은 마찬가지였다. 카르타고의 5만 명 중 3만 2,000명이 중장보병, 8,000명은 투척을 주로 하는 경보병, 그리고 1만 명의 기병인 반면, 로마 쪽에는 4만 명의 정예 중장보병과 2,400명의 기병, 그리고 로마와 비슷한 전투력을 보유했던 동맹국의 4만 명의 보병과 4,000명의 기병이 있었다. 그러니까 중장보병 간의 병력비는 3만 2,000명 대 8만 명으로 압도적인 열세였고, 다만 기병에서 조금 앞서고 약간의 경보병을 갖추고 있다는 점이 약간의 위안이었다. 하지만 로마 중장보병의 방패를 생각하면 카르타고 경보병은 전투에서 별다른 역할을 수행하지 못할 가능성이 컸다. 즉, 종합적으로 볼 때, 부대의 양과 질, 둘 다 로마의 상대가 되지 못하는 상황이었다.

한니발이 놀라운 이유는 이러한 절대 불리한 상황을 예술적인 부대 운용으로써 극복해냈다는 점이다. 이 당시의 다른 전투들과 마찬가지로, 양군의 기병들은 제일 먼저 서로 충돌하여 자기들끼리 쫓고 쫓기는 전투를 보병진과 무관하게 벌였다. 이어 한니발은 보병방진을 중앙만 진출시켜 로마군과 접촉하게 한 후, 패주를 가장하여 후퇴시켰다. 로마군은 병력이 자신들의 반도 안 되는 카르타고의 보병을 얕잡아보았고, 그리하여 기왕의 질서정연한 대형을 스스로 무너뜨리면서 무질서하게 공격에 나섰다.

그런데 카르타고 보병진의 양쪽 끝은 자리를 굳게 지키면서 중앙의 부대만 계속 뒤로 물러나면서 로마군을 유인하다 보니, 결과적으로 초승달 모양으로 된 진 안에 로마군이 들어온 형국이 되었다. 원래 병력도 모자라는 데다가 반원형으로 길게 늘어서게 되어 카르타고 보병진의 두께는 얇아질 대로 얇아져서 막 허물어지려는 찰나, 로마 기병을 대략 물리친 카르타고의 기병이 로마 보병진의 후위로 들이닥치고야 말았다. 그 이후로 벌어진 일은 로마군 입장에서는 단지 학살당했다는 말 외에 달리 표현할 말이 없을 정도였다.

카르타고는 칸나이 전투에서 5,500명의 보병과 200명의 기병을 잃었다. 반면, 로마와 로마의 동맹국은 7만 명의 보병과 2,700명의 기병을 잃고야 말았다. 로마 입장에서 단순 합산한 손실교환비는 7만 2,700:5,700으로 무려 약 12.75:1에 달한다. 포위섬멸전이라는 전술의 극한을 보여주는 예다. 물론, 군사학교에서 이를 배우는 것과 실제 전장에서 이를 실천하는 것은 별개의 문제다. 특히, 병력이 열세인 상황에서 한니발이 썼던 초승달 모양의 양익 포위진을 함부로 펼쳤다가는 산산조각이 나서 역으로 궤멸되기 십상이다. 배웠다고 아무나 할 수 있는 전술이 아니란 뜻이다. 하지만 전술의 명인 손에 쥐이게 되면 이처럼 놀라운 결과도 벌어질 수 있다.

주지했듯이 이 책은 군사학 혹은 군사전술을 설명하기 위한 책은 아니다. 그래서 이 이후의 내용은 전투의 3대 요소 중 앞의 두 가지, 즉 병력의 양과 질을 주된 변수로 하여 서술하려고 한다. 간혹 전술 측면의 언급이 아예 없지는 않겠지만, 전투의 경제적 분석이라는 이 책의 주제와의 관련성은 아무래도 떨어진다. 그리고 남다른 능력을 가진 극소수 지휘관의 예를 일반화시키기 어렵다는 문제도 있다. 그러니까 뛰어난 지휘관이 아니라 보통의 평균적인 지휘관이 양쪽 부대를 지휘한다고 가정한 상태에서 논의를 진행하겠다는 것이다. 그럼에도 불구하고 전술이 중요하지 않다는 것은 결코 아니라는 것을 다시 한 번 분명히 하자.

이제 병력의 질을 어떻게 수학적으로 묘사할 수 있을까를 언급하면 이번 장에서 다뤄야 할 내용은 모두 다루는 셈이다. 그 전에 손실교환비에서의 손실을 좀 더 명확히 정의하도록 하자. 이 책은 육전의 손실을 사상자로 정의하며, 해전이라면 격침되거나 침몰하지는 않았지만 심각한 피해를 입어 당장의 전투 능력을 상실한 함정의 수, 그리고 공중전이라면 격추된 항공기의 수로 정의한다. 공중전에서 조종사가 탈출했느냐 안 했느냐는 고려의 대상이 되지 못하며, 공격을 받아 기체가 공중폭발을 했거나, 지상 또는 수상으로 추락했거나, 혹은 극히 예외적인 경우로 피격을 당해 일찌감치 전장을 이탈한 경우까지 포함할 수 있다.

해전이나 공중전의 경우는 별로 오해할 만한 점이 없는 반면, 육전의 경우는 약간의 혼란의 소지가 있다. 사상자라고 하면 글자 그대로 죽은 사람과 부상당한 사람의 합으로서, 앞에서 나온 워털루 전투 등은 모두 그런 기준으로 서술했다. 반면, 외국의 문헌에서 손실을 얘기할 때는 casualties and losses라고 하여, 사망자, 부상자, 작전 중 행방불명, 그리고 포로를 다 포함하여 얘기한다. 그러니까 이런 차이를 구별하지 않고 무턱대고 비교하다 보면 엉뚱한 결론에 도달하게 될 수도 있다.

포로를 손실에 포함시킬 것인가 아니면 말 것인가가 가장 논란거리다. 나는 이 책에서 빼는 쪽으로 정리를 했다. 손실교환비를 전투를 통해 최종적으로 발생된 전력의 소모로 이해한다면, 포로도 포함시키는 것이 맞다. 포로로 잡힌 병력은 다음 번 전투 때 동원할 수 없기에 그렇다. 하지만 이 책에서 다루게 될 전투 상황에 대한 수학적 모델은 전투 중의 손실에 관심을 보일 뿐, 전투 후의 손실은 관심 밖의 일이다. 포로의 대부분은 전투 중에 발생하기보다는 이미 진 전투의 결과로 인해 생겨난다. 그러니까 수학적 모델과의 정합성을 생각한다면 손실에서 포로를 빼는 것이 더 타당하다는 거다. 예를 들어, 대부분의 문헌에서 워털루 전투에서 프랑스의 손실은 4만 1,000명으로 되어 있는데, 그중 7,000명은 포로로 잡힌 것이라서 이를 뺀 3만 4,000명을 프랑스의 손실로 앞에서 나타냈다.

영어 약자로 MIA^{Missing-In-Action}, 즉 작전 중 행방불명이라는 범주가 남았다. 글자 그대로 전투 전에 있던 병력이 전투 후에 보니 없어진 경우다. 죽었지만 시체를 수습하지 못해서 발생하는 경우도 있을 것이고, 전투 중에 사기가 떨어져 도망간 경우도 있을 것이다. 어느 쪽이던 간에 진행 중인 전투에서 더 이상 전투력을 발휘할 수 없다는 면에서는 동일하기에, 작전 중 행방불명은 손실교환비에 포함시키는 것으로 정했다. 손실에 사망자만 고려하지 않고 부상자도 포함시킨 것 또한 같은 이유에서다.

자, 이제 병력의 질, 즉 병사의 전투력이라는 요소에 대해 본격적으로 살펴보도록 하자. 이러한 요소를 계량적으로 나타내기 위한 수학적 방법을 찾는 것이 일차적인 목표다. 이에 관해 하나의 사고실험을 해보도록 하자. 대결하는 두 부대의 병력이 정확히 같고, 또한 두 부대 지휘관들의 전술 능력이 정확히 같다면, 발생하는 손실은 온전히 병사의 전투력에 기인하게 될 것이다. 그 전투력마저 정확히 같다면 양 부대의 손실은 전적으로 동일할 것이고, 반대로 어느 한쪽의 전투력이 우세하다면 자신이 입는 손실보다 더 많은 손실을 상대방에게 입히게 될 것이다. 그리고 그 상황을 돋보기로 확대해서 보면 결국 병사들 간의 일대일 대결이 나타나게 된다.

첫 번째 시도로서, 병사의 전투력을 하나의 확정된 숫자로 표현할 수 있다는 가설을 세워보자. 가령, 아군 병사의 전투력은 10, 그리고 적군 병사의 전투력은 8, 하는 식으로 하나의 숫자를 부여하는 거다. 그리고 거기에 더해 피아간의 차이만 있을 뿐 각 군에 속한 모든 병사들은 정확하게 동일한 전투력을 갖는다고 가정하자. 말하자면, 아군 첫 번째 병사의 전투력도 10, 두 번째 병사의 전투력도 10, 이런 식으로 말이다. 이것이 올바른 방법인지 현재 단계에서 확신할 수는 없지만, 하나의 시도라고 이해해보자.

10의 전투력을 갖는 병사와 8의 전투력을 갖는 병사가 일대일로 대결한다고 할 때, 전투력이 높은 쪽이 이길 것이라고 짐작하는 것은 충분히 타당하다. 문제는 그 이긴다는 것을 어떻게 이해하느냐다. 우선, 전투력의 차이가 중요하냐, 아니면 전투력의 비율이 중요하냐의 문제가 있다. 다시 말해, 10 빼기 8, 해서 2라는 전투력 차이가 문제가 되냐, 아니면 10 나누기 8, 해서 1.25라고 하는 비율이 문제가 되냐는 질문이다.

얼핏 생각하면 차이 쪽이 타당할 것 같다. 차이가 그럴싸하게 느껴지는 건 다음의 상황을 떠올리기 때문이 아닐까 싶다. 즉, 전투력 10의 병사 4명과 전투력 8의 병사 5명은 왠지 부대로서 동등한 전투력을 갖고 있을 것 같아서다. 다시 말해, 개별 병사의 전투력 숫자를 일일이 다 더한 것이 전체 부대의 전투력이라고 생각하는 거다.

그렇지만 내 생각에 비율 쪽이 좀 더 합리적일 듯싶다. 예로써 이유를 설명하자면 이렇다. 고대 그리스의 도시국가 스파르타의 중장보병 전투력이 10이라면, 아테네와 같은 다른 도시국가의 중장보병 전투력은 아마 8 정도로 생각해볼 만하다. 한편, 제2차 세계대전 초기 독일 소총병의 전투력은 한 100은 되리라 짐작되며, 같은 시기의 프랑스 소총병의 전투력은 98 정도라고 해보자.

차이가 중요하다면, 스파르타 중장보병과 아테네 중장보병의 일대일 대결과 독일 소총병과 프랑스 소총병의 일대일 대결의 결과는 같아야 한다. 왜냐하면 둘 다 2라는 전투력 차이가 있기 때문에. 하지만 100 대 98이라는 전투력 간의 비교를 생각해보면, 2라는 차이보다는 0.98이라고 하는 비율이 더 결정적이지 않을까 하는 생각이 자연스럽게 든다.

자, 이제 전투력의 비율이 일대일 대결의 승패를 결정짓는다는 데 까지는 도달했다. 전투력이 높은 쪽이 낮은 쪽을 이긴다고 결론 내리는 것도 무리가 없다. 이제 '이긴다'는 걸 좀 더 정확히 해야만 한다. 상태의 관점으로 보면, 상대방을 죽이거나, 더 이상 싸울 수 없을 정도의 부상을 입히거나, 혹은 도망가게 하거나 하면 이긴 거다. 이는 위에서 논의한 바와 같다.

그렇지만 더 중요한 사항이 있다. 바로 시간이다. 말하자면, 이기는 건 알겠는데 얼마 만에 이기겠느냐 하는 거다. 즉, 이긴다는 결론은 정해져 있다고 하더라도 이기는 데 걸리는 시간을 명확히 하지 않는다면 더 이상 논의가 진전되기 어렵다. 가령, 전투력 10의 상대에 대해 전투력 11이나 전투력 100이 이긴다는 결론은 마찬가지다. 하지만 분명히 전투력의 비율이 차이가 날수록, 더 쉽게, 더 빨리 이길 거라는 생각을 해볼 수 있다. 가상적인 예를 들어, 전투력 비율이 1.01배인 경우 반나절 동안 싸워야 승패가 난다면, 전투력 비율이 10배인 경우 채 1분이 안 걸릴 수 있다. 이러한 관계를 하나의 수식으로 표현하는 것은 결코 불가능한 일이 아니다.

한편, 두 상대방의 전투력이 정확히 똑같은 경우, 무슨 일이 벌어질까? 한 가지 가능성은 승패가 영원히 나지 않는 것이다. 마치 소설 『삼국지연의三國志演義』에서 장비와 마초가 대결하는 장면처럼 말이다. 잠시 그 장면을 음미해보도록 하자.

"…… 한중 지방을 통치했던 장로 휘하에 몸을 의탁했던 서량의 마초는 유비가 장악하고 있는 서천의 가맹관을 공격했다. 이에 맞선 장수는 사납기

로 둘째 가라면 서러워할 장팔사모를 휘두르는 장비. 둘은 1백여 합을 겨

뤘지만 승부를 가리지 못하고, 잠시 진으로 돌아와 쉰 후 다시 1백여 합을

나눴지만 여전히 우열을 가릴 수 없었다. 해가 저물자 양편 군사들이 횃불

을 밝혀 환한 가운데 다시 대결을 벌였다. 마초는 구리 철퇴를 던지고 장비

는 활을 쏘며 상대를 공격했지만 결판이 나지 않았다. 용호상박이요, 용나

호척*이니, 용과 호랑이처럼 맞서 싸운다 함이 이런 것이리라…….**"

〈그림 2.1〉은 위의 두 가지 조건을 모두 만족시키는 하나의 함수

를 그래프로 나타낸 것이다.*** 전투력 비율이 1에 수렴할수록 이기는

데 걸리는 시간이 계속 늘어남을 볼 수 있다. 그래서 정확히 1이 된다

면 승리 시간은 무한대가 될 것이다. 반대로, 전투력 비가 커질수록

대결은 더 빨리 결판이 난다. 수식을 통해 실제와 부합할 만한 전투력

비율과 승리 시간과의 관계를 나타내는 게 가능함이 증명된 셈이다.

그런데 여기까지 얘기를 진전시키고 보니 한 가지 문제가 눈에 들

어온다. 앞에서 부대 간에는 다를지언정, 부대 내 모든 병사의 전투

력은 동일하다고 가정했다. 만약 그러하다면 두 부대가 전투를 벌일

때 전투력이 낮은 쪽에만 손실이 발생하고 전투력이 높은 쪽은 전혀

손실이 발생하지 않아야 한다. 전투력 간의 상대적 크기에 따라 더

---

*   용나호척(龍拏虎擲)은 용과 범이 맞붙어 싸운다는 의미의 고사성어다.

**   마초와 장비는 둘 다 유비 휘하의 '5명의 호랑이 같은 장군'이라는 의미의 오호장군들로서,
나머지 3명은 관우, 조운, 황충이다. 가맹관에서 장비와 마초가 대결을 벌였다는 얘기는 정사에
는 나오지 않는 얘기로, 위 장면은 나관중의 창작일 가능성이 크다.

*** 함수의 식은 $y = 1/(x^2 - 1)$이다. 여기서 y는 이기는 데 걸리는 시간, x는 전투력의 비율이다.

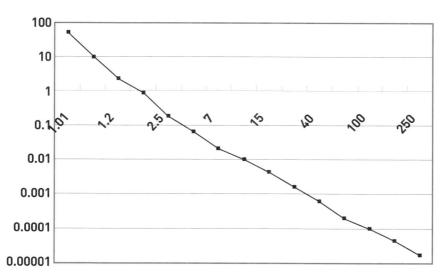

〈그림 2.1〉 전투력 비율(x)과 승리 시간(y) 사이의 한 예

빨리 사상자가 발생하거나 더 늦게 사상자가 발생하는 차이만 있을 뿐이다. 그러니까 손실교환비가 무조건 0 대 전부가 나오게 된다.

이러한 결론은 말할 것도 없이 비현실적이다. 전투의 역사에서 이러한 손실교환비가 발생한 사례는 사실상 없다고 봐도 무방하다. 물론, 전투력 격차가 워낙 크면 그런 일이 벌어질 수는 있다. 가령, 제트 전투기가 소총을 든 보병과 일대일로 대결을 벌인다면 0:100이 아니라 0:1만도 가능할 거다. 이런 극단적인 경우도 있기는 있겠지만, 전투력의 크기가 그렇게 차이가 나지 않는 대다수의 전투에서는 양쪽 모두 손실을 입는다. 하지만 지금까지 가정해온 수학적 모델로는 이를 묘사할 방법이 없다.

이러한 문제를 해결할 방법은 없을까? 없지는 않다. 같은 부대 소속 병사라고 하더라도 그들의 개별적 전투력은 사실 다 다를 수 있다. 아니, 사실을 말하자면 다를 수 있는 게 아니라 반드시 다르다. 그러니까 일종의 분포를 갖고 있다. 가령, 140명의 아군 보병 중대의 평균적 전투력이 10이고 150명으로 구성된 적군 보병 중대의 평균적 전투력이 8이라고 할 때, 아군 개별 병사의 전투력은 최저 6, 최고 14의 균등한 확률분포를 갖고 적군 개별 병사의 전투력은 최저 3에서 최고 13의 균일한 확률분포를 갖는 상황 같은 것을 가정해볼 수 있다. 이렇게 되면, 아군 병사들이 평균적인 전투력에서 적군에 앞서더라도 아군에게도 손실 발생이 가능해진다. 바로 앞의 예에서 균등분포를 가정했지만, 다른 종류의 분포, 가령 정규분포나 이항분포 등 얼마든지 다른 분포도 가정해볼 수 있다.

이쯤에서 개별 병사의 전투력을 수학적으로 표현하는 방법에 대한 얘기를 잠시 중단하도록 하자. 지금까지의 얘기를 요약하자면, 개별 병사들의 전투력은 확정된 숫자며, 그 숫자를 비교하여 일대일 대결에서의 승패의 결과와 그러한 결과가 발생하기까지의 시간을 결정론적으로 구할 수 있고, 마지막으로 부대 전체를 놓고 보면 개별 병사의 전투력은 하나의 분포를 갖는다고 가정했다. 그 결과로서, 이제부터는 양쪽 부대가 전투를 벌일 때 상대적인 전투력을 각각 하나의 확정된 숫자로 나타낼 수 있다고 가정하자.

달리 말하자면, 단위시간당 우리 부대가 입는 손실은 상대방 부대의 전투력을 상징하는 하나의 숫자에 의해 결정된다고 보자는 거다. 마찬가지로, 상대방 부대의 단위시간당 손실 또한 우리 부대의 전투력 숫자에 의해 결정된다. 이게 구체적으로 무슨 의미인지는 이 책의 뒤에서 계속 설명할 예정이니, 당장 조금 어렵게 느껴지더라도

너무 염려하지 마시길. 그리고 바로 뒤의 장은 오직 역사 얘기뿐이
니 긴장을 좀 풀고 페이지를 넘겨도 좋을 듯싶다.

LANCHESTER'S LINEAR LAW

$$\omega(W(t) - W(0)) = \beta(B(t) - B(0))$$

Lanchester's

First Linear Law

PART 2
선과 선이 대결하는
근접육탄전의 경제학

CHAPTER 3
7,000명이 20만 명을 상대할 수 있을까?

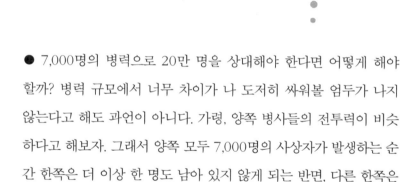

● 7,000명의 병력으로 20만 명을 상대해야 한다면 어떻게 해야 할까? 병력 규모에서 너무 차이가 나 도저히 싸워볼 엄두가 나지 않는다고 해도 과언이 아니다. 가령, 양쪽 병사들의 전투력이 비슷하다고 해보자. 그래서 양쪽 모두 7,000명의 사상자가 발생하는 순간 한쪽은 더 이상 한 명도 남아 있지 않게 되는 반면, 다른 한쪽은 19만 3,000명이 남아 있게 된다.

이를 극복하려면 7,000명의 개별 병사는 각각 혼자서 거의 30명을 감당해야 한다. 역사적 실제 사례로서, 제2차 세계대전 때 일본은 '일인십살—人十殺'이라는 말을 병사들에게 주입시켰다. 미국과의 병력 차가 10배 정도 나니 일본군 병사는 죽기 전에 최소 10명의 미군을 해치워야 한다고 명령한 것이다. 현실적으로 이런 일은 불가능에 가깝다.

그러므로 이런 정도로 병력 차이가 나면 아예 전투가 벌어지지 않는 경우가 다반사다. 부대가 항복해버리거나 혹은 국가가 무릎을 꿇음으로써 전투가 일어나지 않는다. 7,000명을 상대로 20만 명을 동원한 쪽도 굳이 7,000명의 피를 보겠다는 입장은 아니다. 항복하겠다는 적 부대를 굳이 공격하다가 내가 죽게 되면 이보다 억울한 일은 없다.

즉, 로봇과 로봇의 전투라면 모를까, 인간 대 인간의 전투는 궁극적으로 인간의 자기보호 본능에 의해 지배된다. 상대를 해치는 것보다 내가 다치지 않는 게 더 중요하다는 말이다. 페르시아는 자기네 영토 변방에서 계속 문제를 일으키는 그리스 도시국가들에게 속국이 될 것을 요구했다. 페르시아 황제 크세르크세스 1세Xerxes I의 권위를 인정하면, 개별 도시국가들의 정치 권력도 유지시켜준다는 단서도 달았다.

그것이 기원전 480년 그리스의 도시국가들이 처한 상황이었다. 상대는 대제국 페르시아. 당시의 페르시아에 대해 먼저 좀 살펴보자. 역사가들이 최초의 페르시아 제국이라고 일컫는 아케메니드 페르시아는 사료는 많지 않지만 세계 역사상 가장 강력하고 거대한 왕국 중의 하나다. 최전성기였던 다리우스 1세Darius I 시절의 영토를 보면, 왼쪽으로는 리비아의 일부와 이집트, 북쪽으로는 루마니아, 불가리아, 우크라이나와 그리스의 일부, 동쪽으로는 이란과 아프가니스탄, 그리고 파키스탄의 일부를 지배했다. 이를 면적으로 환산하면 대략 850만 제곱킬로미터*로, 지금의 40개 국가에 걸쳐져 있는 광활한 영토다. 인구 또한 5,000만 명 정도였던 것으로 추정되며 당시 기준으로는 엄청난 규모다.

그러면 이에 맞서겠다는 그리스 도시국가들의 상황에 대해서도 알아보도록 하자. 우선 첫 번째로, 그때의 그리스가 지금의 그리스와 전적으로 일치하지는 않는다는 사실을 알아야 한다. 지금의 그리스 영토는 대략 13만 제곱킬로미터 정도 되나, 이들 전부가 페르시아에 반기를 든 게 아니었다. 가령, 에게 해 북쪽의 넓은 지역인 트라키아는 페르시아의 일부로서, 이 지역의 그리스인들은 페르시아에 충성을 바쳤다. 또한 트라키아의 바로 서쪽에 있는 마케도니아는 페르시아의 속국으로서, 그리스 도시국가들의 대對페르시아전에 아무런 도움이 되지 못했다. 이외에도 그리스의 몸통에 해당하는 테살리Thessaly와 에피루스Epirus는 중립을 선언하고 눈치를 봤다. 결국 남는 것은 그리스 남부의 펠로폰네소스 반도 지역과 아티카 지방, 그리고 에게 해 내의 일부 섬에 불과했다.** 이를 면적으로 환산하면 대략 3만 제곱킬로미터로서, 페르시아 전체 면적의 0.3%에 해당했다.

면적을 자꾸 언급하고 비교하는 데에는 이유가 있다. 당시의 국력과 군사력의 직접적인 원천이 바로 많은 인구였기 때문이다. 요즘 인기 있는, 정밀 타격과 정보, 그리고 네트워크를 강조하는 군사혁명Revolutions in Military Affairs이라는 군사교리 하에서는 인구는 그렇게 중요한 요소가 아닐지 모른다. 하지만 과거에는 가장 중요한 요소였

---

* 이를 대한민국의 면적 10만 210제곱킬로미터와 비교해보면 감을 잡을 수 있다. 즉, 우리나라의 85배 정도에 해당할 정도로 넓다.

** 그리스 전역의 700여 개 도시국가 중, 스파르타와 아테네를 포함한 70개 도시국가만이 항전 의사를 표했다.

다. 인구의 일부가 병사가 되어 전쟁에 나설 것을 생각하면 이는 당연한 일이다. 또한 병력상 열세를 극복하고자 전체 인구 중 병력의 비율을 높이게 되면 한시적으로는 몰라도 장기적으로는 국가의 다른 활동에 제약을 받는다. 군사력이 국가 인구의 일정 비율에서 크게 벗어나기 어려운 이유다. 그리고 인구는 지배하고 있는 영토에 대체로 비례한다.

페르시아의 지배를 거부했던 그리스 도시국가들의 인구는 실제로 얼마나 됐을까? 미리 밝히자면, 이를 정확히 알 수 있는 방법은 없고 다만 거칠게 추정을 해볼 따름이다. 어림잡아 보면 이 당시의 아테네 시민은 한 4만 명 정도로 추산되고, 스파르타는 이보다 작은 3만 명 정도로 볼 수 있다. 그 외 다른 군소 도시국가의 평균 인구는 2,000명 정도로 추산되며, 이런 도시국가가 68개가 있었다. 따라서 최대 20만 명 정도가 그리스의 인구가 아닐까 짐작된다. 주지할 점은 이 20만 명이 그리스가 동원할 수 있는 병력이 아니라 전체 인구라는 점이다. 남녀를 막론하고 한 살짜리 갓난아기부터 임종을 앞둔 노인까지 무기를 들어야 페르시아군 병력과 맞설 수 있다.

다만, 당시 그리스 도시국가들의 영토 내에는 위의 최대 20만 명 말고도 다른 사람들이 살고 있었다는 사실을 지적할 필요가 있다. 시민으로서의 완전한 지위를 인정받지 못한 사람들과 노예들로, 이들은 상대적인 신분과 도시국가에 따라 여러 다른 이름으로 불렸다. 예를 들어, 스파르타에는 페리오이코이Perioecoe와 스키리타이Sciritae라는 두 종류의 비시민非市民 자유인과 헬롯Helot이라는 노예가 있었고, 아테네에는 메틱Metic이라는 비시민 자유인이 있었다. 이들은 대개 그리스의 다른 지역 태생으로, 부족집단이었던 그리스 도시국가들의 성격과 한계를 보여준다. 그리고 이들 외에도 아예 인간 취급을 전혀 받지 못하는 노예들도 상당수 존재했다.

이러한 비시민들과 노예들은 시민에 비해 얼마나 많았을까? 이 또한 다양한 범위의 값이 도출될 수 있으며, 작으면 4배, 많으면 10배 정도 달했던 것으로 추산된다. 그러니까 10배를 가정하더라도 노예를 포함한 그리스의 총인구는 페르시아 전체의 몇 퍼센트에 불과하다고 볼 수 있다. 그리고, 전투에 참가하는 것은 시민에게만 허락된 특별한 의무이자 권리였다는 점을 감안하면, 그리스가 동원할 수 있는 병력은 아무리 많아도 페르시아의 상대가 될 수 없었다는 점은 분명하다.*

그런 그리스 도시국가들 중 군사적으로 가장 기대할 만한 곳은 바로 스파르타였다. 호전적이었던 도리아인의 후예인 스파르타인들은 펠로폰네소스 반도 정착 이후로 끊임없는 대내외적인 전쟁을 겪었다. 그중에는 스파르타가 주변을 복속시키느라고 치른 전쟁도 있었지만, 그에 못지않게 외부로부터의 침공과 반란에 대해 살아남기 위해 치른 전쟁도 많았다. 수백 년간에 걸친 이러한 투쟁의 결과, 스파르타는 기원전 6세기 무렵부터 펠로폰네소스 반도에서 가장 큰 군사강국으로 자리매김했다.

스파르타의 모든 사회 시스템은 군사강국으로서의 면모를 강화하

---

* 페리오이코이나 스키리타이 등은 전투에 참가하는 경우도 없지는 않았지만, 그렇게 많은 수는 아니었다.

는 쪽으로 조직화되어 있었다. 우선, 그 남다른 교육 시스템을 얘기하지 않을 수 없다. 스파르타의 남자 아이들은 7세 때 집을 떠나 아고게Agoge라는 교육기관에서 합숙하며 군사훈련을 받아야 했다. 신체 단련과 무기 사용법들은 물론, 그 외에도 읽기, 쓰기, 음악, 무용 등을 배웠다. 남자들의 경우 이러한 아고게를 거치지 않으면 스파르타군에서의 복무가 허용되지 않았다. 또한 군대의 일원으로서 전장에 나서는 것을 그 무엇보다도 영광스러운 일로 여겼다.

남자들은 18세가 되면 정식 전투훈련을 받아야 했고, 20세가 되면 병영 막사에서 단체 생활을 해야 했다. 이 기간 중에는 반란의 소지가 있는 헬롯이나 노예를 무력을 사용해 제거하는 일을 맡았다. 그렇게 상비군의 일원으로 30세까지 지내고 난 후에야 완전한 시민권을 얻기 위한 선거에 나설 수 있었다. 선거에서 한 명의 반대라도 있는 경우, 즉 용맹한 스파르타인으로서 부족함이 있다고 인정되는 경우에는 완전한 시민권이 부여되지 않았고, 이는 매우 치욕적인 일로 간주되었다.

완전한 시민권자들에게는 두 가지의 가장 중요한 임무가 부여됐는데, 하나는 헬롯들을 통제하고 관리하는 일이었고, 다른 하나는 전쟁에 출전할 준비를 하는 일이었다. 30세에 완전한 시민권을 얻고 나서야 그때부터 병영이 아닌 자신의 집에서 생활을 할 수 있었다. 그렇지만 주변 도시국가들과의 빈번한 분쟁으로 인해 상비군만으로 전쟁을 치르기에는 역부족이었다. 그 결과, 스파르타 남자들은 60세까지 예비군으로 복무할 의무를 지녔다. 그런데 많은 수의 성인 남자들이 군 복무 중에 사망하고 또 당시의 보건의료 수준을 생각하면 60세까지 살아남는 남자들은 매우 드물어, 실제로는 죽고 나서야 군인으로서의 의무를 벗어날 수 있었다. 한마디로 말해 스파르타의 모든 남자들은 오로지 전쟁만을 위해 존재했다.

군인의 가치관과 국방의 의무는 여자들에게도 부과되었다. 여자 아이들 또한 일정 기간 격리되어 남자 아이들과 같은 내용의 훈련을 받았다. 여자들로 편성된 부대는 존재하지 않았지만 소녀들은 무기 사용법 등을 배웠으며, 다만 훈련의 강도만 조금 약할 뿐이었다. 군대에 최우선적인 중요성을 부여하기로는 가정과 결혼도 예외가 아니었다. 보통 20세 때 결혼을 하는 관습이 있었지만, 결혼을 하고 나서도 부부는 정상적인 가정생활을 누릴 수 없었다. 남자들이 30세까지 병영에서 기숙해야 했기 때문이었다.

스파르타 여자들의 남다른 성격을 엿볼 수 있는 일화로 다음과 같은 얘기가 전해 내려온다. 스파르타 여자들은 자신의 남편이 전쟁에 출정할 때 그가 쓸 방패를 내어 주면서, "이것을 지니고 (돌아오세요.), 그렇지 않으면 이것 위에 (누워 돌아오세요.)"* 하고 말을 했다는 거다. 살아 있는 한 절대로 방패를 놓치지 말며, 그게 아니라면 차라리 죽어서 방패 위에 실려 오라는 뜻이다. 실제로 스파르타 여자들이 이런 얘기를 할 정도로 독했는지에 대해서 의문을 표하는 사람들이 적지 않다. 아마도 여자들이 실제로 그런 얘기를 자발적으로 했다기보다는 사회 전체적으로 그런 정도의 분발을 남자들에게 요구했다는 정도로 이해하는 게 더 납득할 만하지 않을까 싶다.

---

* 영어로 하자면, "With this, or upon this."가 된다.

보통 스파르타와 아테네를 비교해서 스파르타는 전제군주 체제하의 무식한 병영국가인 반면, 아테네는 문화적으로 융성한 민주주의 체제로 평가하는 경우가 많다. 이렇게 얘기할 때, 전자를 높이 사고 후자는 낮춰 보는 경우는 사실상 없다고 봐도 무방하다. 그런데 그게 그렇게 일방적으로 얘기할 만한 건 아니다.

스파르타에 왕이 있었던 것은 사실이다. 그런데 1명이 아니고 2명이었다는 사실을 아는 사람은 드물다. '어떻게 왕이 2명일 수 있지? 그러면 서로 싸우게 되지 않아?' 하고 생각할 수도 있겠지만, 별 문제 없이 운영됐다. 2명의 왕은 각각의 권한에 의해 종교적·사법적, 그리고 군사적 의무를 수행했다. 종교적 의무란 델피 신전으로부터 신탁을 받는 것이고, 사법적 의무란 재판관으로서 최종 판결을 내리는 것이며, 군사적 의무란 전쟁 시 직접 부대를 이끌고 선봉에서 싸우는 걸 의미했다. 전투가 벌어졌을 때 뒤에 숨는 왕이 아니라 맨 앞에서 싸우는 왕인 탓에 적지 않은 스파르타 왕들이 전쟁터에서 전사했다.

그리고 2명의 왕과 별도로 5명의 에포르Ephor라는 집정관이 있었다. 에포르는 매년 스파르타 전체 시민권자들의 투표로 선출되는 사람들로, 스파르타 전체를 위해 일하기로 맹세하며 재선은 불가했다. 명칭이 다를 뿐, 아테네의 집정관인 아르콘Archon과 별로 다를 바 없었다. 이외에도 60세를 넘긴 28명의 노인들이 2명의 왕과 함께 게로우시아Gerousia라는 일종의 원로원을 형성하여 재판의 권한을 행사했고, 중요한 국가적 정책은 최종적으로는 전체 시민권자들의 투표에 의해 결정됐다. 이쯤 되면 아테네의 체제와 별로 다를 바 없다는 걸 알게 된다.

그뿐만이 아니다. 당시의 민주주의는 사실 불완전하기 짝이 없었다. 경제적인 여력이 있는 남자들만이 시민으로서의 권리를 누릴 수 있었고, 여자들은 철저하게 권리를 부인당했으며, 노예를 부렸고, 주변 도시국가에 대해서는 억압적인 모습을 보인 게 아테네의 민주주의 체제였다. 또한 아테네에서 여자들은 교육받을 권리가 없었고, 그 탓에 대부분 문맹이었으며, 법적으로도 재산 보유 및 처분에 적지 않은 제약이 있었다.

반면, 스파르타의 여자들은 앞에서 언급한 것처럼 남자들과 거의 동일한 교육을 받았으며, 따라서 기본적으로 글을 읽고 쓸 줄 알았고, 재산 보유에 특별한 제약이 없었다. 심지어 아테네에서는 여자아이들에게 먹이는 음식이 남자 아이들과 달랐지만, 스파르타에 그런 어이 없는 차별은 없었다. 그러니까 스파르타가 대외적으로는 더 억압적이었을지는 모르지만 대내적으로는 더 민주적이었다는 역설이 존재한다는 거다.

어떻든 페르시아를 상대로 한 방어전을 논의할 때 스파르타의 입장이 무엇인가가 핵심적인 사항이었다. 몇 년 전 마라톤 전투Battle of Marathon에서 단독으로 승리함에 따라 아테네의 입김도 상당히 강해져 있었지만, 아테네의 강점은 아무래도 해군에 있었고 육상 전투라면 역시 누가 뭐래도 스파르타였다. 워낙 대규모 침공인 탓에 페르시아의 원정 준비는 일찍이 알려졌고, 이에 따라 그리스 도시국가들은 기원전 481년 가을 코린트Corinth에 모여 연합군을 형성하기로 의

Leonidas I

●●● 페르시아 대군에 맞서 위해 그리스 연합군 총사령관으로 추대된 사람은 바로 스파르타의 제 17대 왕 레오니다스 1세다. 이는 그가 훌륭한 전사이자 지휘관이었다는 것을 대부분의 사람들이 인정했다는 증거로 볼 수 있다.

견을 모았다. 이는 사실 굉장히 이례적인 일이었는데, 왜냐하면 기술적으로 보면 그 국가들은 여전히 상호간에 크고 작은 전쟁을 치르고 있는 중이었기 때문이다.

이 회의에서 그리스 연합군의 총사령관으로 누구를 추대할지를 결정했는데, 그렇게 뽑힌 사람이 바로 스파르타의 왕 레오니다스 1세Leonidas I다. 그리스 내에서 스파르타의 군사력을 생각하면 당연한 일이 아닌가 하고 생각하기 쉽지만, 단지 스파르타의 왕이라는 이유만으로 다수의 도시국가들로부터 추대된 것은 아니다. 그보다는 레오니다스가 훌륭한 전사이자 지휘관이라는 것을 대부분의 사람들이 인정했다는 증거로 보는 쪽이 좀 더 타당해 보인다.*

원래 스파르타의 왕위 계승자들은 아고게를 면제받았다. 그런데 레오니다스의 경우는 복잡한 사정으로 인해 그 거칠다는 아고게의 훈련 과정을 통과해야 했고, 이러한 경우는 스파르타 역사를 통틀어서 몇 명 안 됐다. 그 과정을 통해 레오니다스가 좀 더 강하게 단련이 되어 있었을 것이라는 건 충분히 짐작할 만하다.

스파르타를 비롯한 펠로폰네소스 반도에 있는 도시국가들은 자신들의 반도 초입의 좁은 지역인 코린트에서 맞서 싸우기를 원했다. 그런데 그렇게 하면 펠로폰네소스 북서쪽에 위치한 아티카Attica, 에우보이아Euboea, 포키스Phocis, 보이오티아Boeotia 등의 지역에 있는 도시국가들은 그대로 유린될 수밖에 없었다. 아티카 지방의 아테네는 이

---

* 가령, 이로부터 겨우 3년이 경과된 시점에 그리스 연합군의 총사령관으로 스파르타인이 아닌 다른 그리스인이 추대되었다.

러한 방어 계획에 당연히 반대했다. 그리고 페르시아 육군과 병진하면서 보급도 하고 공격도 가하는 페르시아 해군의 존재를 감안하면, 그보다 훨씬 북쪽에 방어선을 치고 아테네 해군과 공조할 필요가 없지는 않았다. 그리하여 포키스와 테살리의 접경 지역인 테르모필라이Thermopylae에서 페르시아 육군을 맞이하기로 결정되었다.

그런데 문제가 있었다. 기원전 480년 8월 초 스파르타의 종교 축제인 카르네이아Karneia가 진행 중이라 그 기간 중에는 군사적 행동이 금지되어 있었던 것이다. 게다가 올림픽 경기 기간이기도 해서 스파르타로서는 전군을 동원하기가 쉽지 않았다. 그리하여 5인의 에포르들은 레오니다스가 300명의 병력만을 데리고 전장에 나가도록 결정했다. 이에 레오니다스는 축제 후 스파르타 주력 부대가 합류할 때까지 다른 도시국가들이 보낸 소수의 선발대와 함께 테르모필라이에서 버티는 계획을 꾸렸다.

가뜩이나 병력 차가 적지 않은데, 그마저도 한 번에 운용하지 못하고 일부 선발대만으로 전투에 나서야 하는 레오니다스의 심정이 어떠했을지 짐작이 간다. 1년 전 레오니다스는 스파르타의 왕으로서 델피 신전에 신탁을 청했던 바, "당신의 도시가 페르시아군에 의해 철저히 유린되거나, 혹은 왕의 죽음을 애도하게 될 것이다"라는 답변을 듣게 되었다. 신탁을 믿었기 때문인지 혹은 중과부적이라 생각했기 때문인지 알 수는 없지만, 레오니다스는 이 전투에서 자신이 죽게 될 거라고 예견했던 모양이다. 그리하여 그는 자신과 함께 출정할 300명의 스파르타 병사들을 아들이 있는 자로만 뽑았다.

여기까지 얘기하고 보니, 문득 그리스와 우리나라의 처지가 비슷하다는 생각이 든다. 거대 세력의 변방에 위치한 탓에 역사적으로 버거운 상대로부터 줄곧 침공당해왔다는 점이 특히 그렇다. 중국 대륙을 통일한 대제국 수隋와 당唐의 계속된 침공이 만주지역의 맹주 고구려의 입장에서 얼마나 쉽지 않았을까 다시 생각해보게 된다. 단적인 예로, 수의 양제煬帝가 113만 명의 병사와 그 2배의 보급 인원을 동원한 612년의 고구려-수 2차 전쟁 때 고구려 전체 인구가 200만 명 정도로 추정되니 크세르크세스의 군대에 맞선 그리스 못지 않다. 그러고 보면 안타까운 점이 눈에 또 들어온다. 그리스 도시국가들은 중립을 선언할지언정 스파르타와 아테네의 배후에서 페르시아 편을 들지는 않았다. 그런데 백제는 중립을 지킨 이 전쟁에서 신라는 영토를 더 뺏겠다고 고구려 후방을 공격했으니, 이를 어떻게 설명해야 할런가.

여러 도시국가로부터 차출한 선발대와 합류한 스파르타군은 결국 8월 초 테르모필라이에 자리를 잡았다. 전체 병력은 7,000명을 약간 상회하는 정도였는데, 이 병력으로 대제국 페르시아의 20만 명을 저지해야만 했던 것이다. 이게 가능한 일일까?

CHAPTER 4
칼과 창을 쓰는
근접육탄전에 대한 수학적 이론

● 지금부터는 두 부대가 서로 근접하여 육탄전을 벌이는 상황을 상 상해보도록 하자. 실감 나는 전투를 상상하고 싶다면 방금 전 3장 에서 다뤘던 그리스 연합군과 페르시아군이 서로 맞붙는 상황을 떠 올려도 좋다. 육탄전이라고 했는데, 그 의미는 칼이나 창과 같은 무 기로만 싸운다는 뜻이다. 즉, 일련의 투척무기나 발사무기는 전투에 사용되지 않는다고 가정한다. 좀 더 부연하자면, 원거리에서 공격할 수 있는 활이나 석궁, 모든 종류의 총 등은 아예 고려하지 않으며, 심지어는 돌팔매도 허용되지 않는다. 그리고 창 중에서도 던지는 투 창이 있을 수 있는데, 이 또한 관심 외다. 총이 발명되기 이전의 보 병만으로 이루어진 부대 간의 고대 전투를 상상하면 틀림없다.

이때, 직접적인 전투는 서로 충돌하는 부대와 부대가 접촉한 선을 따라 벌어진다. 달리 말하면, 횡대로 줄 지어 섰을 때 맨 앞줄인 1행에 있는 병사들끼리만 싸우게 된다는 얘기다. 이유는 너무 당연하다. 근접육탄전에 쓰는 무기인 칼과 창의 길이를 감안하면, 2행부터는 공격을 할 방법이 없어서다. 그러다가 내 앞에 서 있던 병사가 쓰러지면 내가 앞으로 나가 빈 자리를 메우거나 혹은 나는 가만히 서 있는데 적 병사가 한 발 더 전진해오게 된다. 어느 쪽이든 결과는 동일하다. 다시 선과 선의 접촉이 벌어지고 이 과정이 계속 반복된다.

근접육탄전을 벌일 때 병력 배치가 어떤 식으로 이뤄질까? 가령, 100명의 병사로 이루어진 부대가 있다고 해보자. 전투에 돌입할 때 이 부대의 대형에는 여러 가지 가능성이 존재한다. 가령, 10×10, 즉 10행과 10열로 구성할 수도 있고, 종심을 얇게 하여 5행과 20열로 서는 방법도 있을 수 있고, 반대로 폭을 줄이고 예비병력을 늘리기 위해 25행과 4열로 설 수도 있다. 이외에도 얼마든지 다양한 방식으로 배치 가능하다.

역사적으로 보면, 이런 전투가 벌어질 때 양쪽 부대 모두 가능한 한 넓게 벌려 서려고 해왔던 것을 알 수 있다. 즉, 종심이 얇아지더라도 폭을 최대한 늘리려고 했다. 그 이유는 두 가지로 설명할 수 있다. 좀 더 이론적인 설명은, 근접육탄전은 선 대 선으로 전투가 벌어지기 때문에 부대의 공격력을 극대화하려면 선을 최대한 길게 가져가야 하기 때문이라는 것이다. 한편, 좀 더 실제적인 이유를 들자면, 횡대의 폭이 적 부대보다 짧으면 아군 부대가 포위를 당할 수 있고, 나아가 배후가 차단될 수 있기 때문이다.

병사들 입장에서 죽기만큼 싫은 것이 바로 포위당하는 거다. 왜냐하면, 한번 포위를 당하게 되면 더 이상 살아서 도망치거나 후퇴할 수 있다는 희망이 사라지기 때문이다. 이렇게 배후가 차단되고 나면, 잘 돼봐야 포로로 잡혀 노예로 팔려가는 거고, 아니면 죽임을 당하게 되는 게 뻔한 수순이었다. 그래서 군인정신이 투철한 소수를 제외하면, 대부분의 병사들은 전투 중에도 아군의 배후가 차단되나 안 되나에 적지 않은 신경을 쓰기 마련이다. 그러다가 누군가가 "뒤가 뚫렸다!"고 소리치는 순간, 기다렸다는 듯이 우르르 무질서하게 사방팔방으로 도망가곤 하는 게 인지상정이다.

그래서 실제 전투에서 한쪽이 전멸당할 때까지 싸우는 일은 드물다. 앞에서 얘기했던 군인정신이 투철한 예외적인 경우를 제외하면, 전투에 돌입하는 순간에도 병사들의 심리상태는 불안함 그 자체다. 비유하자면, 마치 뾰족한 못 위에 단단한 공을 올려놓은 것과 같다. 태생적인 불안정성이 있어서 곧 떨어질 운명인데, 다만 어느 쪽이 먼저 떨어지냐의 문제다. 병사들의 아슬아슬한 심리는 순식간에 한쪽 병사들이 집단적 공황상태에 빠져들면서 더 이상 싸울 의욕을 잃게 된다. 한쪽이 5%에서 10% 정도의 병력을 잃으면 전의를 잃고 후퇴하는 경우가 다반사며, 또한 30% 정도를 잃으면 완전히 와해되거나 항복해왔음을 역사는 우리에게 알려주고 있다.

이런저런 이유로 선과 선이 만나서 싸움을 벌이게 되면, 결국 앞에서 언급한 일대일 대결 상황들의 합으로 치환된다. 여기서 앞의 2장 마지막 부분에서 했던 얘기를 다시 기억해보자. 이렇게 선과 선이 만나서 전투가 벌어질 때, 단위시간당 각 부대가 입는 손실은 상대방 부대 전투력을 나타내는 상수에 의해 결정된다는 가정 말이다.

이 부분을 좀 더 상세히 설명해보도록 하자. 편의상 백군과 흑군의 두 부대가 맞붙는데, 백군의 병력은 100명, 흑군의 병력은 150명이라고 생각하자. 그리고 백군 병사들의 전투력 상수는 4, 흑군 병사들의 전투력 상수는 3이라고 하자. 앞에서도 얘기했지만, 이 4와 3이라는 숫자는 절대적 크기가 중요하다기보다는 두 숫자 사이의 비율이 중요하다. 그리고 단위시간의 조정으로 인해 변할 수가 있다. 무슨 말인고 하니, 앞의 4와 3이라는 전투력 상수가 1분이라는 단위시간에 대해 정의된 숫자라고 할 때, 단위시간을 2분으로 늘릴 경우 각각 8과 6으로 바뀐다. 이렇게 상수의 절대적 크기는 변할 수 있지만, 상수들 간의 비율은 여전히 같다는 사실을 확인하자.

자, 이제 전투가 개시되었다. 양군은 모두 칼과 창을 꼬나 들고 서로에게 공격을 퍼붓는다. 전투 개시 후 1분이 지난 시점에 보니, 백군에 3명의 사상자가 발생했다. 왜냐하면, 흑군의 전투력 상수가 1분당 3이기 때문이다. 이제 전투력 상수가 나타내는 바가 무엇인지 분명하리라. 마찬가지로, 흑군은 4명의 손실을 입게 되는데 백군의 전투력 상수가 4라서 그렇다. 그러고 나면 백군은 97명, 흑군은 146명이 남았다.

실제 전투가 완전히 규칙적으로 진행될 리는 만무하다. 그렇지만 규칙적으로 진행된다는 상당히 비현실적인 가정을 해보도록 하자. 실제로 그렇게 될 거라고 생각해서 그런 가정을 하는 것은 아니다. 다만, 그런 극단적인 경우에 어떻게 되는지를 알아보자는 차원이다. 즉, 매 1분이 경과될 때마다 백군은 3명, 흑군은 4명씩 사상자가 발생한다. 그래서 2분이 지나면 백군은 94명으로 줄고, 흑군은 142명이 되며, 3분이 지나면 각각 91명, 138명이 된다. 실제 전투는 한쪽이 전멸당할 때까지 계속되지 않고 그 전에 끝나곤 하지만, 이론적으로는 끝까지 간다고 가정하자. 그래서 한쪽에 더 이상 싸울 병사가 남아 있지 않으면 전투가 끝난다고 말이다.

둘 중에 누가 결국 이길까? 위 과정을 계속하다 보면 답이 나온다. 답을 미리 알려주자면, 병력이 많은 흑군의 승리다. 왜 그런지 보자. 33분까지 지나고 나면, 백군은 3 곱하기 33 하여 99명의 사상자가 발생하고, 흑군은 4 곱하기 33 하여 132명의 사상자가 발생한다. 그러므로 그 시점에 백군은 1명, 흑군은 18명만이 싸울 수 있다. 그리고 그로부터 1분이 더 지나면, 백군은 전멸, 흑군은 17명 남아서 흑군의 승리가 확정된다. 처음에는 병력비가 100:150이었던 것이, 33분 후에는 1:18, 34분 뒤에는 0:17로 바뀌게 된다. 전투 전의 병력 비율과 전투력 비율을 알 수 있으면, 누가 이기는지, 얼마의 시간 만에 이기는지, 그리고 전투 후의 병력비가 어떻게 되는지 등을 알 수 있다는 얘기다.

이 모든 과정을 수식으로 표현할 수 있는 방법은 없을까? 없지 않다. 먼저, 양군의 전투력 차이에 의한 손실을 하나의 식으로 표현해 보면 다음과 같다.

$$dW = -\beta dt \tag{4.1}$$

$$dB = -\omega dt \tag{4.2}$$

여기서 W는 백군의 병력, B는 흑군의 병력이고, 베타(β)는 흑군의 전투력 상수, 오메가(ω)는 백군의 전투력 상수를 나타낸다. 그러니까 식 (4.1)을 설명하자면, 백군의 사상자 수(dW)는 흑군의 전투력 상수 베타(β)에 단위시간을 곱한 값만큼 발생된다는 뜻이다. 식의 우변에 마이너스 부호가 붙는 이유는 병력 수가 감소하는 것을 나타내기 위해서다. 흑군의 사상자 수 또한 같은 원리로 표현할 수 있다.

위와 같은 식 (4.1)과 식 (4.2)를 미분방정식이라고 부른다. 백군과 흑군의 병력이 시간이 경과함에 따라 변할 것으로 짐작할 수 있는데, 미분방정식의 해를 구한다는 것은 이를 만족하는 하나의 함수를 얻는 것과 같다. 그러나 안타깝게도 그 과정을 설명하는 것은 틀림없이 이 책이 목표로 하는 수준을 넘어서는 일이다.* 그렇더라도 참고 삼아 그 최종 결과 식을 한번 보는 것쯤이야 문제가 될까 싶다. 그 결과는 아래와 같다.

$$W(t) = W(0) - \beta t \qquad (4.3)$$

$$B(t) = B(0) - \omega t \qquad (4.4)$$

미분방정식을 푸는 과정은 어려울지라도, 그 결과인 식 (4.3), 식 (4.4)는 결코 어렵지 않다. 백군, 흑군의 각각의 병력은 시간 t에 대한 일차 함수, 즉 그래프 상에 직선으로 나타나는 식이기 때문이다. 그리고 직선의 기울기는 상대방 군의 전투력 상수에 마이너스 부호를 붙인 것과 같다. 〈그림 4.1〉에서 확인할 수 있듯이 흑군의 병력은

---

* 혹시 그 과정이 궁금한 독자가 있다면, 공대 학부 과정에서 배우는 공업수학 교재 등을 찾아보기 바란다.

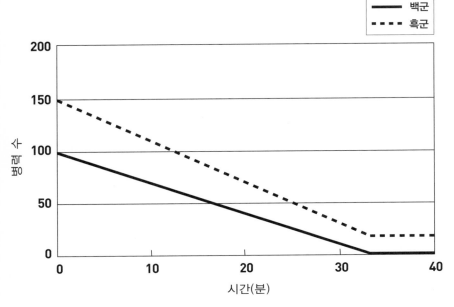

〈그림 4.1〉 백군과 흑군 병력의 시간에 따른 변화

백군보다 더 빠른 속도로 감소되고 있는데, 이는 백군의 전투력이 흑군보다 더 강하기 때문이다. 그렇지만 원래의 병력 차이를 극복하지는 못하고 결국 백군이 먼저 전멸당하게 됨을 확인할 수 있다.

만약, 백군의 전투력 상수가 4가 아니라 5라면 어떤 일이 벌어질까? 이를 〈그림 4.2〉에 나타냈다. 이때는 처음의 불리한 병력 비율을 극복하고 30분 경과 시점에 흑군의 전투 가능 병력이 0이 되면서 백군이 승리한다. 전투력 비율이 병력 비율의 불리함을 상쇄시키면서 승리를 가져올 수도 있음을 이를 통해 확인할 수 있다. 또한 동전의 양면으로서, 병력에서 우위를 점해도 전투력이 일정 수준에 미치지 못하는 경우 결국은 전투에서 지게 됨을 볼 수 있다.

식 (4.3)을 t에 대해 정리한 후, 식 (4.4)에 대입하게 되면 다음의

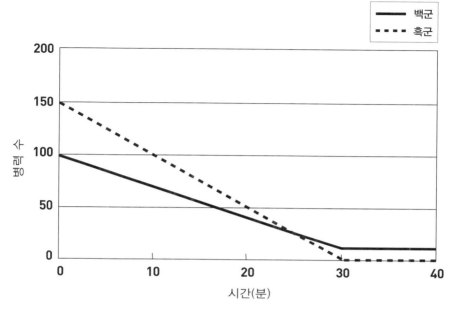

〈그림 4.2〉 백군의 전투력이 4에서 5로 올라갔을 때의 결과

식 (4.5)를 얻는다.

$$\omega\big(W(t) - W(0)\big) = \beta\big(B(t) - B(0)\big) \qquad (4.5)$$

식 (4.5)를 보면, 시간에 따른 백군과 흑군의 병력이 서로 1차 함수 혹은 선형 함수의 형태로 주어져 있음을 확인할 수 있다. 의미는 간단하다. 백군의 사상자 수에 백군의 전투력을 곱한 값은 흑군의 사상자 수에 흑군의 전투력을 곱한 값과 서로 같다는 뜻이다. 이를 달리 이해하면, 아군의 전투력이 올라갈수록 그에 반비례해서 아군의 사상자가 준다는 의미다. 이러한 결과는 우리의 상식과 꽤 부합한다.

Frederick Lanchester

영국 엔지니어 프레더릭 란체스터는 1916년, 제1차 세계 대전 중에 상대방의 힘의 관계를 보여주는 미분방정식을 고안했다. 이 방정식 중에서 많이 알려진 방정식은 란체스터 선형 법칙(현대 이전 전투)과 란체스터 제곱 법칙(소화기같이 장거리 무기를 사용하는 현대 전투)이 있다.

식 (4.5)는 꽤나 쓸모가 많다. 우선, 이를 통해 백군과 흑군 중 누가 이길지를 알 수 있다. 부대의 병력 수와 개별 병사의 전투력이 종합된 부대의 총공격력을 초기 병력 수 곱하기 전투력 상수로 정의해보자. 그러니까 백군의 총공격력은 $\omega W(0)$, 흑군의 총공격력은 $\beta B(0)$이다. 식 (4.5)에 의하면, 총공격력이 큰 쪽이 결국 이긴다는 걸 확인할 수 있다. 가령, 〈그림 4.1〉에 해당하는 앞의 예에서 백군의 총공격력은 100 곱하기 4 하여 400이 나오고, 흑군의 총공격력은 150 곱하기 3 하여 450이 계산된다. 그래서 흑군이 이긴다는 결론을 내릴 수 있고, 이는 〈그림 4.1〉에 보여지는 바와 같다. 이외에도 이를 이용해 언제 상대방이 전멸되는지, 그리고 그때 아군의 잔존 병력은 어떻게 되는지도 구할 수 있다.

이러한 결과는 지금으로부터 약 100년 전 여러 사람에 의해 거의 동시에 얻어졌다. 그중에 가장 잘 알려진 사람이 영국의 엔지니어 프레더릭 란체스터Frederick Lanchester다. 그는 20대 때 엔진에 관련된 몇 가지의 중요한 발명을 했고, 이어 30대에는 자신의 이름을 딴 란체스터 자동차회사를 설립했다. 참고로, 란체스터 자동차는 롤스로이스 사Rolls-Royce Ltd.와 함께 20세기 전반기에 영국을 대표하는 대표적인 자동차회사 중 하나였다. 또한 그는 40대 때 비행기 개발에 관심을 갖고 항공역학에 관한 이론적 토대를 마련하는 작업을 수행했다. 여담이지만, 란체스터는 다방면에 관심이 많았고, 넘쳐나는 예술적 소양을 감출 길 없어 가명으로 시집을 두 권 내기도 했다고 한다.

1914년 제1차 세계대전이 발발하자, 군사적 목적에 비행기가 사용될 수 있음을 진작부터 깨달았던 란체스터는 그 효과를 수학적으로 보여주고 싶었다. 그리하여 1916년 『전투에서의 비행기』라는 책을 발간하는데, 그 책에 바로 위의 내용과 뒤의 9장에서 나올 내용이 기술되어 있다. 그런 연유로, 이들은 '란체스터 등식' 혹은 '란체스터 법칙'이라고 불린다. 특히, 이번 4장의 식 (4.5)는 변수들 간의 관계가 선형적으로 주어져 있다 하여 '란체스터 선형 법칙Lanchester's Linear Law'이라는 이름으로도 불린다.

위에서 여러 사람이 거의 동시에 이러한 결과를 얻었다고 했던 것에 대해 설명하는 것으로 이 장을 마치도록 하자. 위의 내용을 란체스터의 작업으로 이해하는 것은 서구권의 관점으로, 동구권에서는 이를 '오시포프의 등식'이라고 부른다. 제정 러시아 시절인 1915년 러시아인 오시포프M. Osipov는 자국의 군사저널에 일련의 논문을 게재했는데, 이는 우리가 오늘날 란체스터 법칙이라고 부르는 것과 전적으로 동일하다. 물론, 이 논문들은 러시아어로 쓰여 있었던 탓에 서구권에서 이의 존재를 알게 된 것은 한참 후의 일이다. 그렇지만 발표 시점을 기준으로 하는 학계의 보편적인 기준을 적용하자면, 위 내용은 란체스터 법칙이기보다는 오시포프 법칙이라 부르는 게 맞다. 일부의 서구 전문가들은 죄책감을 느꼈는지 란체스터-오시포프 법칙이라고 부르자는 제안을 하고 있다.

앞의 식들은 미분방정식으로 표현되어 있지만, 차분방정식의 형태로도 거의 동일한 내용이 존재한다. 미분방정식이 연속함수를 다룬다면, 차분방정식은 불연속적인 이산 시스템을 다룬다. 차분방정식의 형태로 앞의 문제를 정의하고 푼 것까지 포함시킨다면, 1905년에 논문을 낸 피스케Bradley A. Fiske와 피스케가 자신의 논문에서 언급했던 1902년의 체이스Jehu V. Chase까지도 거슬러 올라갈 수 있다. 이런 얘기를 굳이 하는 이유는 최초를 따지는 일이 무의미한 아전인수에 불과한 경우가 적지 않다는 것을 여러분에게 보여주고 싶어서다.

CHAPTER 5

레오니다스의 분전,
그리고 배신으로 인한 전멸

● 다시 레오니다스 휘하의 그리스 연합군 선발대 7,000명의 얘기로 돌아오자. 기원전 480년 8월 초 그리스군이 테르모필라이에 도착하여 진을 친 지 얼마 안 되어, 느린 속도로 진군 중인 페르시아 육군도 8월 5일 테르모필라이에 당도했다. 외관상 두 군대는 결코 서로 상대가 될 수 없었다. 앞에서 페르시아 육군의 병력이 20만 명이라고 했는데, 사실 그리스의 역사가 헤로도토스Herodotos는 페르시아 육군의 병력이 200만 명이라는 기록을 남겼다. 다만, 현대의 역사가들이 보기에 200만 명은 지나치게 과한 숫자고, 대략 10만에서 30만 명 사이였을 거라고 추정하는 것이 좀 더 타당할 것이다.

페르시아군의 관점으로 보자면, 그리스인은 변방의 야만족이자 호전적인 오랑캐에 불과했다. 그리스와 페르시아와의 전쟁을 보통은 동양의 전제주의로부터 서양의 민주주의를 지켜낸 역사적인 사건으로 인식하는 경향이 있다. 하지만 이는 전적으로 서구 중심주의적인 사고방식이다. 유럽인들이 이런 관점을 갖는 것을 비판할 필요는 없다. 그들 입장에서는 당연한 일이니까. 그러나 그들의 그런 세계관만이 타당하다고 믿는 것은 순진한 일이다.

직접 육군을 이끌고 전장에 나온 페르시아의 황제 크세르크세스가 보기에는 한 줌에 불과한 그리스군은 어이없으면서도 약간의 두려움을 갖게 하는 존재들이었다. 크세르크세스가 단지 영토와 세력확장만을 목표로 이번 원정에 나선 것은 아니었다. 그에게는 아버지가 겪은 수모를 갚겠다는 일종의 복수심이 있었다.

그의 선친이었던 다리우스 1세 시절에 페르시아는 인더스Indus 강유역, 바빌로니아, 스키티아를 차례로 복속시킨 후, 그리스 정복에나섰다. 그런데 예상외의 저항에 직면, 기원전 490년 마라톤에서 패배하고 아테네 점령도 실패하여 체면을 구겼다. 휘하 장수의 패배를스스로에 대한 모욕으로 받아들인 다리우스는 제국의 자원을 총동원하여 그리스에 대한 본격적인 원정을 준비했다. 이번에는 친히 부대를 이끌고 직접 원정에 나서겠다는 계획이었다. 하지만 세월의 무게를 이길 수 없었던지, 그의 나이 65세 되던 해인 기원전 486년 다리우스는 병으로 죽고 말았다. 그리스 정복이라는, 아버지가 이루지못한 과업은 아들인 크세르크세스에게 고스란히 남겨진 채로 말이다.

사실, 그리스 육군이 자리잡은 테르모필라이 말고 방어의 요충지로 꼽히던 곳이 있었다. 테르모필라이보다 북동쪽에 위치한 테살리의 템페Tempe 계곡이었다. 페르시아 육군이 해안가를 따라 전진한다면 반드시 지나야 할 곳인 템페 계곡의 서쪽에는 펠리온Pelion 산맥이 위치하고 동쪽에는 에게 해가 있었다. 테살리의 중간에 위치한 이곳을 지킨다면 그리스 남부의 포키스나 에우보이아는 물론이거니와 테살리에 위치한 도시국가들 대부분의 지원을 받을 수 있는 장점이 있었다. 그리고 험한 지세에 계곡의 폭이 좁아 소수의 그리스군으로 방어전을 펼치기에 천혜의 요지였다.

그런데 한 가지 결정적인 문제가 있었다. 페르시아 육군이 반드시 템페 협로로 들어서도록 하려면 올림푸스^{Olympus} 산맥에서 펠리온 산맥까지 끊기지 않고 험준한 지형이 유지되어야 했다. 높은 산맥을 넘으려다 보면 보급이라든지, 병사들이 지치는 문제 등 난제가 한두 가지가 아니었다. 그런데 템페 계곡의 조금 더 북쪽에는 사란타포로^{Sarantaporo} 협로라고 불리는 지형이 있어, 이를 통해 올림푸스 산맥과 펠리온 산맥을 통과하는 것이 가능했다. 그렇게 되면 템페 계곡을 지키고 있던 그리스 연합군은 싸워보지도 못하고 오히려 우회당해 퇴로가 막히게 될 우려가 있었다. 그리하여 템페 계곡에서 싸우겠다는 방안을 포기하고 대신 테르모필라이를 선택했던 것이다.

테르모필라이 또한 템페 계곡과 마찬가지로 굉장히 좁은 지형이었다. 그리스 연합군으로서는 이보다 더 중요한 조건이 있을 수 없었다. 레오니다스는 테르모필라이에서도 가장 폭이 좁은 협로에 부대를 주둔시켰다. 바로 그 위치에서 방어전을 펼치기 위함이었다. 전투가 벌어지는 지역의 폭이 좁을수록 병력의 절대적인 수는 그 의미를 잃는다. 아무리 20만 명의 병사가 있다고 하더라도 가령 200명이 일렬횡대로 서면 폭이 꽉 차는 경우, 그냥 200명 대 200명의 싸움이 되어버리기 때문이다.

레오니다스의 입장에서 그나마 조금의 희망이라도 가져보려면 이러한 상황하에서 싸워야 했다. 그리스 개별 병사들의 전투력이 페르시아군을 압도할 수 있다면 엄청난 병력 차에도 불구하고 페르시아군은 그리스군의 방어선을 뚫을 수 없게 된다. 예를 들어, 그리스군이 비현실적인 1:30이라는 손실교환비를 페르시아군에게 강요할 수 있다면, 앞의 란체스터 선형 법칙에서 보인 바와 같이 종국의 승리를 가져갈 수 있다. 그 정도까지는 아니라고 하더라도, 페르시아군에게 적지 않은 손실을 초반에 입히게 되면 페르시아군이 전의를 상실해 더 이상의 공격을 주저하게 될 수도 있었다. 그렇게 시간을 끌다 보면 올림픽 축제가 끝나 그리스 연합군의 주력 병력도 합류할 수 있을 터였다.

이러한 지형의 또 하나의 이로운 점은 후위에 대한 염려 없이 전방에 있는 적과의 전투에만 온 힘을 집중하면 된다는 점이었다. 테르모필라이 협로는 서에서 동으로 연결되어 있고, 총길이는 약 8킬로미터, 폭은 대략 100미터 정도였다. 헤로도토스의 기록에 의하면, 협로가 워낙 좁아서 병거는 한 번에 한 대밖에 지나갈 수가 없었다. 그리고 8킬로미터에 걸친 협로 전체에서 특별히 폭이 더 좁은 관문이 세 곳 있었는데, 그중 가운데 관문에 포키스인들이 설치한 성벽이 있어 특히 더 좁았다. 레오니다스는 바로 이 위치에 부대를 배치했다. 협로의 북쪽은 말리아 만의 바다였고, 남쪽은 고지대의 절벽으로 가로막혀 있었다. 그러니까 페르시아군으로서도 달리 우회할 길이 없다면 관문의 그리스군을 어떻게든 뚫고 통과해야만 했다. 이야말로 레오니다스가 바라는 바였다.

여기서 양군의 병사들을 한번 비교해보도록 하자. 그리스군은 장창과 방패로 무장한 호플리테hoplite라고 부르는 중장보병으로 구성되어 있었고, 이외의 다른 병종은 없었다. 반면, 페르시아군은 제국 내의 다양한 배경의 병사들을 모은 탓에 잡다한 병종으로 구성되어 있었다. 특히, 그리스군에 있지 않은 활을 주 무장으로 하는 궁병들이 꽤 있었다. 그리스군의 장창은 근접육탄전에서만 효력을 발휘할 뿐 원거리의 적에게는 아무런 피해도 입힐 수 없는 반면, 페르시아군의 궁병에게는 자신들의 피해는 전무한 채 그리스군에 공격을 가할 수 있는 이점이 있었다. 전투가 협로가 아닌 넓은 개활지에서 벌어졌다면, 페르시아군은 궁병만으로도 그리스군에게 적지 않은 타격을 가할 수 있었을지도 모른다.

그렇지만 그리스군에게도 기댈 곳이 없지는 않았다. 당시의 궁병의 역할은 적 보병을 실제로 살상하는 것이기보다는 적의 진형을 흐트러뜨리고 혼란스럽게 만드는 게 핵심이었다. 그런데 이미 얘기한 바와 같이 그리스군은 제대로 된 방패와 투구를 갖추고 있는 중장보병이었다. 그래서 약간의 피해를 입을 수는 있겠지만, 단지 궁병의 공격만으로 병력상의 큰 손실을 입을 리는 없었다. 그리고 테르모필라이 협로의 지형이 궁병의 집중 사격을 상당히 제한하는 면도 있었다. 당시 활의 사정거리와 수 킬로미터에 달하는 협로의 길이를 생각하면, 협로의 두 번째 관문에 웅크리고 있는 그리스군에게 화살 공격을 퍼부을 수 있는 페르시아 궁병의 숫자가 그렇게 클 수는 없었다.

그리고 무엇보다도 그리스군, 특히 레오니다스와 같이 온 300명 스파르타 병사들의 싸우고자 하는 의지는 그 어느 누구와도 비할 수 없을 정도로 남달랐다. 이를 증명하는 일화로서, 스파르타군 전체에서 가장 용맹한 사람이라고 칭해지는 디에네케스[Dienekes]라는 용사에 대한 얘기가 있다. 페르시아군이 화살을 쏘면 그 수가 너무 많아 하늘의 해를 가리게 된다고 한 그리스군 병사가 두려움에 떨면서 얘기를 하자, 디에네케스는 "그렇다면 해를 마주 보느라 눈이 부시는 게 아니라, 그늘에서 싸우는 결과가 되니 좋은 소식 아니냐?"고 했다고 한다.*

그리스 연합군의 전체 병력을 좀 더 자세히 살펴보도록 하자. 〈표 5.1〉에 나와 있듯이, 스파르타군의 실제 병력은 300명이 아니라 1,000명이었다. 그 이유는 스파르타의 완전한 시민권자만이 스파르타군의 호플리테가 될 수 있고, 스파르타의 비시민 자유인인 페리오이코이들은 별도의 부대로 편성되었기 때문이다. 스파르타식 교육인 아고게를 거친 스파르타 호플리테와 아고게에서 단련되지 않은 스파르타 페리오이코이는 장비 면에서 큰 차이는 없을지라도 전투력 면에서는 차이가 있었을 것으로 짐작해볼 수 있다. 즉, 스파르타 페리오이코이는 기타 나머지 그리스 도시국가들의 호플리테와 대동소이한 전투력을 지녔을 것으로 생각된다.

이외에도 테베의 호플리테 400명과 동부 로크리스[Locris]의 1,000명이 특기할 만하다. 보이오티아[Boeotia]의 중심 도시인 테베는 사실 중

---

* 헤로도토스보다 수백 년 이후 인물인 플루타르크(Plutarchos)에 의하면 레오니다스가 이와 같은 말을 남겼다고 한다. 시간적 차이를 감안하면 헤로도토스의 기록 쪽이 좀 더 신빙성이 있어 보인다.

〈표 5.1〉 테르모필라이 전투에서 그리스 연합군의 구성

지역	도시국가	병종	병력
펠로폰네소스	스파르타	호플리테	300명
		페리오이코이	700명
	만티네이아	호플리테	500명
	테게아	호플리테	500명
	아카디아	호플리테	1,200명
	오르코메누스	호플리테	120명
	코린트	호플리테	400명
	플리우스	호플리테	200명
	미케네	호플리테	80명
보이오티아	테스피아	호플리테	700명
	테베	호플리테	400명
포키스	–	호플리테	1,000명
동부 로크리스	–	호플리테	1,000명

립을 선언하여 페르시아의 지배를 인정했다. 그런데 일부 테베인들이 이를 받아들일 수 없다며 400명이 자발적으로 그리스 연합군에 가담한 거였다. 그래서 이들을 따로 '자유 테베군'이라고 부르기도 한다. 그리고 테르모필라이가 뚫리면 곧바로 페르시아의 지배를 받게 될 동부 로크리스 지역은 1,000명을 보냈는데, 사연이 눈물겹다. 올림픽 축제 기간임에도 불구하고 자신들이 보낼 수 있는 모든 병력을 긁어 모은 결과가 그것이었기 때문이다. 이런 걸 보면, 올림픽 축제라든지 카르네이아 축제 등 때문에 병력 동원이 안 된다는 얘기는 정치적인 핑계에 불과한 것일지도 모른다.

테르모필라이 협로의 지형을 유일한 우군 삼아 진 치고 버티고 있는 그리스군을 마주한 크세르크세스는 사자를 보내 항복을 권했다. 항복하기만 하면 '페르시아인의 친구들'이라는 호칭을 부여하고, 또 현재 소유하고 있는 토지보다 더 좋은 땅으로 거주지를 옮겨주겠다는 제안도 했다. 이러한 제안이 단칼에 거부당하자, 크세르크세스는 다시 "무기를 넘겨라"는 친서를 사자를 통해 전했다. 이에 레오니다스는 후세에 유명해진 다음과 같은 말을 사자에게 했다.

"와서 빼앗아 가라."

크세르크세스로서는 한마디로 기도 안 찰 노릇이었다. 30분의 1 정도의 병력을 갖고도 저토록 큰소리를 치고 있으니 말이다. 당장은 레오니다스가 큰소리를 치고 있다고 하더라도, 그리스군 내부의 배신자가 레오니다스의 목을 가지고 항복할지도 모른다는 기대를 크세르크세스는 했던 것 같다. 또한 페르시아군의 위세에 눌려 하루, 이틀 지나면 그리스군 병사들이 저절로 흩어져버리지 않을까 하는 기대도 있었다. 그렇게 혹시나 하는 마음으로 8월 8일까지 나흘을 기다렸지만 아무런 변화가 없었다. 이제 소수의 그리스군을 짓밟고 가는 것 외에 크세르크세스에게 다른 방안은 없었다.

급기야 테르모필라이에 도착한 지 5일째인 8월 9일 크세르크세스는 공격을 명했다. 5,000명으로 구성된 페르시아군 궁병의 일제사격이 전투의 서막을 알렸다. 하지만 이미 앞에서 언급했듯이 당시의 활의 유효사정거리는 채 100미터가 되지 않아 방패와 투구로 단단히 무장한 그리스군에게 별다른 피해를 입히지 못했다. 이어, 현재의 이란 북부 지방에 해당하는 곳에 살던 메디아인과 남서부에 해당하는 곳에 살던 키시아인으로 편성된 1만 명의 보병이 테르모필라이의 두 번째 관문에 버티고 있는 그리스군 보병대와 충돌했다. 크세르크세스로서는 병력의 우위를 최대한 활용하고 싶어도 협로의 폭이 좁아서 그 이상 동시에 보낼 방도가 없었다.

그런데 막상 페르시아군 보병과 그리스군 호플리테가 맞붙게 되자, 크세르크세스가 생각지 못한 일이 벌어지기 시작했다. 전반적으로 페르시아군 보병의 무기와 방패는 그리스군 호플리테의 그것에 비해 부족한 점이 많다는 사실이 드러났다. 게다가 호플리테들의 군율과 결속력까지 결합되고 나니 팔랑크스^{Phalanx}라고 불리는 그리스군 보병방진의 전투력은 압도적이었다. 한마디로 싸우는 기계 수준이었다. 거의 동시대의 그리스 역사가였던 크테시아스^{Ctesia}는 이에 대해, "1만 명의 페르시아군 제1파는 (고작) 두세 명의 스파르타인의 목숨을 앗은 채로 만신창이가 되어버렸다"는 기록을 남겼다.

위의 기록을 바탕으로 그리스군과 페르시아군의 손실교환비, 즉 전투력 상수의 비율을 추정해보자. 먼저 그리스군의 손실을 고려해보자. 위의 기록은 스파르타군 전사자만을 언급하고 있지만, 손실을 얘기할 때는 전투가 불가능한 부상자도 포함시켜야 한다. 칼이나 창의 살상력과 당시 그리스군의 전투 의지 등을 감안컨대, 전사자의 2배 많은 부상자가 발생한다고 가정하자. 그리하여 스파르타군 호플리테 중에 3명의 사망자가 있었다고 가정하면, 총 9명의 사상자가 난 셈이다. 그리고 스파르타군 호플리테와 그리스군 전체의 비율을 감안하면, 그리스 연합군은 대략 180명 정도의 손실을 입었다고 짐작해볼 수 있다. 물론 이 숫자가 정확히 맞을 리는 없고 하나의 추정치에 불과하다. 그렇지만 자릿수 관점으로 1,000명이 넘는 손실이 났을 리는 없다고 확신할 법하다.

반면, 페르시아군의 손실 쪽이 어떤 면으로는 좀 더 추정하기 어렵다. 1만 명의 병력이 산산조각이 났다고 하니 손실의 최대치는 1만 명이다. 물론, 부대 전위의 손실에도 불구하고 뒤에서 후퇴하려는 병사들을 다시 칼로 내몰아 공격하게 만들었을 경우, 1만 명 전체를 잃었을 가능성도 완전히 배제할 수는 없다. 한편, 아무리 작더라도 최소 3,000명 정도의 손실을 입었을 것 같다. 30퍼센트 정도의 손실을 입으면 나머지 병력은 싸울 의지를 잃고 뿔뿔이 흩어지기 때문이다. 대략 평균을 내면, 한 6,000명 정도의 직접적인 손실은 충분히 입었을 듯싶다. 6,000명 손실에 4,000명 후퇴, 이런 정도로 페르시아군의 손실을 짐작해보자.

위 추정치를 갖고 손실교환비를 구하면 약 1:33 정도 나온다. 그리스군 1명을 쓰러뜨릴 때마다 페르시아군은 33명의 손실을 입어야 한다는 이야기다. 그리고 이런 정도의 비율이 유지된다고 하면, 란체스터 선형 법칙에 의하면 최후의 승자는 페르시아군이 아닌 그리스군이다. 스파르타의 호플리테가 포함된 그리스군 중장보병의 전투력이 페르시아군 보병의 33배라는 얘기가 되는 것이다. 한마디로 믿을 수 없는 결과지만 실제로 벌어진 일이기도 했다.

메디아인과 키시아인으로 구성된 부대가 박살이 나자, 크세르크세스는 자신이 가진 가장 날카로운 칼을 뽑아 들었다. 바로 '불사신Immortals'이라는 별칭으로 불리는 1만 명의 친위대였다. 신체적 능력, 무기, 훈련, 자부심 등 모든 면에서 페르시아군 최정예부대라 할 만

한 부대였다. 그런데 결과는 참혹했다. 앞선 제1파 공격 때와 똑같은 상황이 벌어졌다. 호플리테의 장창 앞에 크세르크세스의 친위대는 무기력하기만 했다. 그리스군 방진을 전혀 뚫지 못한 채로 페르시아군 친위대는 결국 물러섰다.

8월 10일, 둘째 날 전투가 개시됐다. 크세르크세스는 아무리 첫날 공격이 실패했다고 하더라도 그리스군에도 피해는 없지 않았고 부상 등으로 인해 계속 항전하는 데 한계가 있을 거라고 짐작했다. 휘하 부대를 몰아쳐서 공격에 나서게 했지만, 결과는 첫째 날과 다르지 않았다. 기록에 의하면, 이틀간의 전투에서 페르시아군에 약 2만 명의 사망자가 발생했다고 되어 있다. 사상자가 아닌 사망자인 점에 주목하자. 이런 식이라면 페르시아군이 테르모필라이의 그리스군을 분쇄하기는커녕 자신들이 분쇄될 게 분명해 보였다.

그때, 생각지 않던 일이 생겼다. 테르모필라이의 지형에 익숙한 트라키스인인 에피알테스Ephialtes라는 자가 크세르크세스 왕 앞에 나타났던 것이다. 트라키스인들만 아는 산길이 하나 있는데, 그 길로 우회하면 테르모필라이 협로의 동쪽으로 나오게 되어 그리스 연합군의 배후를 칠 수 있다는 내용을 고해바쳤다. 보상을 바라고 그리스 연합군을 배신한 거였다. 사실, 이런 가능성에 대해 레오니다스 또한 트라키스인들로부터 정보를 입수했었다. 이에 대비하고자 1,000명의 포키스군 호플리테 전 병력이 그 산길에 배치되어 있었다.

공격의 새로운 실마리를 얻은 크세르크세스는 곧바로 10일 밤 부하 장군인 히다르네스Hydarnes에게 2만 명을 주고 산길로 진격하라는 명령을 내렸다. 산길을 지키고 있던 포키스군은 11일 새벽 밤새 진격해온 히다르네스의 군대와 갑자기 맞닥뜨리자 깜짝 놀라게 되었다. 놀라기는 히다르네스도 마찬가지였다. 크세르크세스의 친위대 '불사신'의 지휘관이기도 했던 히다르네스는 첫날의 전투로 인해 스파르타군이라면 맞붙을 자신이 없었다. 그러나 그에게 길을 안내하던 그리스의 배신자 에피알테스는 저들이 스파르타군이 아니라 포키스군이라는 것을 알렸다. 결국, 페르시아군은 근처의 언덕에서 전투를 준비하던 포키스군을 깨끗이 무시하고 그냥 그리스 연합군 후방을 치기 위해 내달렸다.

포키스군이 지키던 산길이 뚫렸다는 소식은 셋째 날 전투를 준비하던 레오니다스에게도 11일 아침 전달됐다. 그리스군은 이틀간의 전투로 800명 정도의 손실만을 입으면서 2만 명이 넘는 사상자를 페르시아군에 강요했지만, 포위당하게 되면 섬멸되는 건 순식간의 일이었다. 이미 테르모필라이를 지키는 것은 무의미한 일이 됐으니 빨리 퇴로가 막히기 전에 전군 퇴각하자는 의견이 그리스 연합군 내에서 분분했다. 어찌 보면 그건 당연한 수순이었다.

그런데 레오니다스는 홀로 남아서 싸우겠다는 결정을 내렸다. 그리고 원한다면 얼마든지 후퇴해도 무방하다는 명령을 전체 그리스 연합군에 내렸다. 레오니다스가 왜 그런 결정을 했는지에 대해서는 여러 설이 난무한다. 그중 가장 있을 법한 이유는 아마도 대부분의 그리스 연합군이 빠져나갈 수 있도록 시간을 벌어주면서 자신을 희생하는 역할을 자청했다는 거다. 이를 통해 3,000명 이상의 그리스군이 무사히 후퇴했다.

테르모필라이에 결국 남은 병력은 스파르타의 호플리테 300명과

●●● 그리스 연합군 7,000명을 이끈 레오니다스는 테르모필라이 전투에서 페르시아의 20만 대군을 맞아 300명의 스파르타 호플리테와 함께 끝까지 남아 싸우다가 전사했다. 테르모필라이 전투를 통해 레오니다스와 300명의 스파르타 호플리테는 불멸의 명예를 얻었다. 테르모필라이 전투는 동시대의 보병 간 전투에서 전투력 비율이 실제로 30배가 넘을 수 있음을 보여준 하나의 귀중한 역사적 사례다. 레오니다스는 란체스터 선형 법칙으로부터 추론할 수 있는 모든 내용을 테르모필라이 전투를 통해 보여줬다.

페리오이코이 700명, 테스피아군 700명, 그리고 테베군 400명, 이렇게 총 2,100명가량이었다. 데모필루스Demophilus의 지휘하에 있던 테스피아군은 레오니다스의 종용에도 불구하고 스파르타군과 함께 운명을 같이하겠노라고 자청하여 남았다. 또한 돌아가봐야 집에서 반겨줄 것 같지 않았던 자유 테베군 400명도 잔류했다.

드디어 아침이 되자, 크세르크세스는 보병과 기병으로 구성된 1만 명의 병력을 다시 전진시켰다. 이번에 그리스군은 이틀 동안 피로써 지켰던 두 번째 관문을 버리고 협로 중에 조금 더 폭이 넓은 앞으로 나왔다. 어차피 자신들의 운명이 결정됐으니, 접촉의 선을 늘려 정해진 시간 안에 한 명이라도 더 많은 페르시아군 병사를 쓰러뜨리기 위함이었다. 이 과정에서 크세르크세스의 친동생 둘이 전사했다. 그리스군의 마지막 저항이 얼마나 격렬했는지를 이를 통해 짐작해볼 수 있다. 레오니다스 또한 페르시아 궁병의 화살에 죽었다. 결국, 전멸당하기 직전의 마지막 순간에 테베군은 항복했다. 그러나 스파르타군과 테스피아군은 그렇게 하지 않았다. 그들은 마지막까지 부러진 칼을 휘두르다 페르시아군의 화살에 모조리 쓰러졌다.

테르모필라이 전투를 통해 레오니다스와 300명의 스파르타 호플리테는 불멸의 명예를 얻었다. 이는 연극으로서의 그리스 비극에 비견할 만하다. 그리스 비극의 주인공들은 대개 탁월한 능력을 지닌 영웅이지만 운명의 장난에 휘말린 끝에 비참한 결말을 맞이한다. 그러한 운명으로부터 도망치지 않고 의연하게 대처함으로써 다른 평범한 사람들의 마음을 정화하고 본인은 영원한 이름을 얻는다. 한편, 세상은 공평하지만은 않아서, 레오니다스와 스파르타군 300명은 영화까지 만들어질 정도로 유명하지만, 테스피아군 700명과 스파르타의 페리오이코이 700명을 아는 사람은 거의 없다. 물론, 그들이 이름을 탐하여 자신들의 목숨을 버리지는 않았으리라. 그들도 있었다는 사실을 이 책을 통해 알리고 싶었다.

어쨌거나, 테르모필라이 전투는 동시대의 보병 간 전투에서 전투력 비율이 실제로 30배가 넘을 수도 있음을 보여준 하나의 귀중한 역사적 사례다. 레오니다스가 란체스터 선형 법칙을 알았을 리는 만무하다. 하지만 그는 란체스터 선형 법칙으로부터 추론할 수 있는 모든 내용을 테르모필라이 전투를 통해 보여줬다. 이론이 실행을 앞서는 것이 아니라, 거의 언제나 실행이 이론에 선행함을 보여주는 경우다. 세상 거의 모든 것에서 그렇다.

테르모필라이 패배 이후 그리스는 아테네마저 점령당해 패색이 짙었지만 살라미스 해전의 승리로 반격의 전기를 마련하여 결국 기원전 479년 페르시아군은 퇴각하게 되었다. 그리스인들이 좋아하는 구호가 하나 있다.

"자유를, 그렇지 않으면 죽음을Freedom or death."

레오니다스의 스파르타군이 외친 구호는 아니고, 1821년 그리스 독립전쟁 때 사용된 구호다. 하지만 테르모필라이에서 쓰러진 스파르타군과 테스피아군도 그러한 심정이었으리라. 이런 면에서도 그리스는 우리나라와 비슷하다.

이 장을 마치면서 한 가지 마음의 짐을 좀 덜까 한다. 앞에서 그리스인들의 굴하지 않는 정신을 신라와 비교해가면서 칭찬하기만 했지만, 그들도 때로는 실수를 범하는 인간들이었음에 틀림없다. 테르모필라이에서 그리스 전체의 자유를 위해 목숨도 내던졌던 스파르타인들도 그로부터 채 70년이 지나지 않은 펠로폰네소스 전쟁Peloponnesian War에서는 페르시아군의 힘을 빌려 아테네를 공격했으니 말이다. 결국 아테네를 멸망시키는 데 성공했지만, 그러는 와중에 힘을 다 소진하고 만 스파르타 또한 얼마 못 가 별 볼 일 없는 존재가 되고 말았다.

CHAPTER 6
창검 전투의 지배자
호플리테와 팔랑크스의 흥망성쇠

● 이번 장에서는 고대의 보병 간 근접육탄전투에서 거의 사기적인 전투력을 보여준 그리스 호플리테와 호플리테가 진형을 갖춘 팔랑크스Phalanx에 대해 좀 더 자세히 알아볼까 한다. 페르시아는 그리스와의 여러 전투를 거치면서 호플리테로 구성된 팔랑크스의 위력에 대해 누구보다도 절감했고, 나중에는 이들을 돈으로 사서 용병으로 부리기도 했다. 팔랑크스가 어떻게 편성되는지, 그리고 어떤 식으로 무장하는지 충분히 알았음에도 자신들이 직접 그런 편제를 하지 않았다는 점에 주목해야 한다. 창과 방패를 쥐어주고 줄 맞춰 세워놨다고 해서 그리스의 팔랑크스와 같은 전투력이 나오는 게 아니라는 걸 알았기 때문이기도 하다.

그러면 우선, 호플리테의 무장에 대해 알아보자. 방어구를 먼저 살펴보면, 크게 방패와 갑옷으로 나눌 수 있다. 호플리테가 드는 방패는 호플론hoplon*이라고 불렸는데, 직경이 대략 1미터에 달하는 동그란 원형이고 두께는 25~40밀리미터 정도였다. 주재료는 나무였는데, 경우에 따라서는 바깥 표면에 얇은 청동 판을 덧대기도 했다. 실제로 화살이나 투창 등의 공격은 너끈히 막아낼 정도로 튼튼했다. 또한 옆에서 볼 때 평면의 원판이 아니라 콘택트렌즈의 형상과 같이 곡률이 주어져 있어서 칼을 튕겨내는 데에도 유리했다.

짐작할 수 있겠지만, 그리스 보병이 호플리테라는 이름을 갖게 된 것은 바로 그들이 지녔던 호플론 때문이다. 투창을 주로 쓰는 펠타스트Peltast라는 그리스의 경장보병도 그들이 지닌 펠테Pelte라는 조그만 방패에서 이름이 유래된 것과 마찬가지다. 그리고 호플론에 자신들의 도시국가를 상징하는 그림이나 기호를 새겨넣었다. 가령, 아테네군은 조그만 올빼미가 그려진 호플론을 들었고, 테베군은 스핑크스나 혹은 헤라클레스의 몽둥이를 그려넣었다.

그렇지만 아마도 가장 유명한 호플론은 스파르타군의 것이 아닐까 싶다. 스파르타군의 호플리테와 페리오이코이는 모두 영어 알파벳 V자를 거꾸로 그려놓은 것과 같은 기호가 새겨진 호플론을 들었다. 그 기호는 그리스어 람다Λ로서, 라케다이몬ΛΛΚΕΔΑΙΜΟΝ이라는 말의 첫 번째 글자에서 나왔다. 라케다이몬은 스파르타 정규 시민 외에도 스파르타 지배하의 비시민까지 포함하는 말이다.

호플리테가 입는 갑옷은 파노플리panoply라고 불렸고, 총무게가 30킬로그램이 넘었다. 가령, 정상적인 호플리테라면 가슴받이, 청동

---

* 아스피스라는 이름으로도 불렸다.

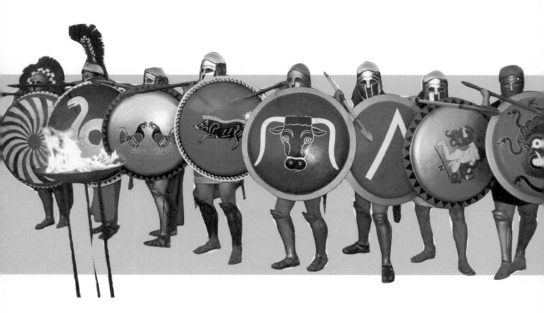

제 투구, 정강이받이를 기본적으로 착용했고, 페리오이코이라면 가슴받이나 정강이받이 없이 투구만 쓰기도 했다. 여기에 호플론의 무게가 대략 8~15킬로그램에 달하고, 그 외에 장창과 허리에 차는 검까지 감안하면 40킬로그램이 넘는 무장을 하고 전투에 나서게 되는 꼴이었다. 현재 우리나라 보병의 완전군장 무게가 예전보다 약 10킬로그램 줄어 38.6킬로그램이다. 하지만 여전히 전투 간 기동 중에는 버겁다는 의견이 지배적이다.

그런 점을 감안하면 호플리테가 유연한 기동력을 발휘할 수 없었으리라는 점은 충분히 짐작 가능하다. 무게에 대한 문제점은 계속적으로 지적되어 나중에는 갑옷 등을 경량화한 호플리테도 등장했다. 물론 이는 동전의 양면과도 같아서, 투구를 금속으로 만들지 않고 직조물로 한 탓에 화살과 투창 공격에 취약성을 드러내기도 했다.

가령, 기원전 425년 펠로폰네소스 전쟁 중에 스파르타의 호플리

●●● 고대 그리스의 팔랑크스를 구성한 호플리테는 파노플리라 불리는 갑옷을 입고 도리라는 장창을 들고 직경 약 1미터, 두께 25~40밀리미터에 달하는 원형 방패 호플론을 들었는데, 호플론은 화살이나 투창 등의 공격을 막아낼 정도로 튼튼했다. 호플론에는 자신들의 도시국가를 상징하는 그림이나 기호를 새겨넣었다. 그중 가장 유명한 호플론은 스파르타군의 것(왼쪽으로부터 여섯 번째)으로, 영어 알파벳 V자를 거꾸로 그려놓은 것과 같은 기호가 새겨져 있었다. 그 기호는 그리스어 람다(Λ)로서, 라케다이몬(ΛΑΚΕΔΑΙΜΟΝ)이라는 말의 첫 번째 글자에서 나왔다. 고대 그리스의 팔랑크스는 당대 최고의 전투집단으로서 드높은 명성을 구가했다.

테가 아테네의 경장보병에 참패한 스파크테리아 전투^{Battle of Sphacteria}가 대표적인 예로 언급된다. 하지만 이는 반쯤은 맞고 반쯤은 틀린 얘기기도 한데, 스파크테리아^{Sphacteria} 섬에 갇힌 라케다이몬 병력은 440명에 불과했던 반면, 이를 공격한 아테네 병력은 경장 호플리테 800명에 2,000명이 넘는 궁병 및 투척병, 그리고 경무장한 8,000명의 노 젓는 노예까지 있어 양군의 병력 차가 엄청났기 때문이다. 이 전투에서 라케다이몬 병사는 148명이 죽고, 아테네는 230명 정도를 잃었으며, 292명의 잔존 라케다이몬은 항복해버렸는데, 그중 120명은 정규 호플리테였다. 스파르타의 호플리테는 항복하지 않는다는 불문율이 처음으로 깨진 사건으로, 이로 인해 그리스 전역이 들썩거렸다.

이제 공격 무기를 살펴보도록 하자. 주 무장은 길이가 2~2.8미터에 달하는 도리^{dory}라고 불리는 장창이었다. 한 손으로 운용을 했고,

상대방을 찌르는 무기였다. 창 끝의 촉은 쇠로, 그리고 몸통은 나무로 만들어졌는데, 나무다 보니 격렬한 전투 중에 부러지는 일도 심심치 않게 발생했다. 그런 경우, 부 무장으로 허리에 차고 있던 크시포스Xiphos라는 검을 꺼내 들었다. 보통 크시포스의 길이는 50~60센티미터 정도였지만, 스파르타군은 그보다 짧은 크시포스로 무장했다. 크시포스는 특히 팔랑크스끼리 정면으로 부딪쳐 고착되어 있을 때 제일 앞 행에 있는 호플리테가 유용하게 쓸 수 있는 무기였다.

지금까지 얘기한 호플리테의 모든 장비 중에 가장 결정적인 요소는 방패와 장창이었다. 별것 아닌 것처럼 느껴질 수도 있지만, 장창의 길이는 호플리테의 막강한 전투력에 꽤나 핵심적인 요소였다. 이에 대해서는 팔랑크스를 설명하면서 다시 언급하도록 하겠다.

먼저 팔랑크스라는 말에 대해 알아보자. 본래의 뜻은 손가락뼈다. 그런데 군사 분야에서 쓸 때는 창을 든 보병들로 이뤄진 집단을 의미한다. 밀집대형 혹은 밀집방진이라고 번역하기도 하는데, 여기서는 그냥 팔랑크스라고 부르려고 한다. 군대에서 제식훈련 할 때 하듯이, 앞과 옆으로 줄을 맞춰 선 보병부대로 생각하면 크게 무리가 없다. 왜 이러한 보병대형을 팔랑크스라고 부르게 됐는지의 이유는 의외로 단순하다. 팔랑크스 내의 보병들이 적진을 향해 창을 겨누고 있는 모습이 마치 손가락처럼 생겨서다. 창이 앞으로 죽 나와 있는 모양이 손가락이 나와 있는 것과 비슷하다고 그리스인들이 봤던 모양이다.

정상적인 그리스의 팔랑크스는 64명으로 구성됐다. 64라는 숫자를 보자마자 '어, 8 곱하기 8 아닌가?' 하는 생각을 떠올렸을 독자도 있을 것 같다. 실제로, 가장 보편적인 대형은 8행, 8열로 서는 거였다. 그러니까 적군의 입장에서 보면, 횡대로 8명이 서 있고, 맨 앞에 있는 병사 뒤로 각각 7명씩 더 서 있는 모양새다. 상황에 따라, 가령 2열과 32행으로 서거나 혹은 4열과 16행으로 서는 경우도 없지는 않았다. 그리고 우선 적군 팔랑크스의 폭보다 아군의 폭이 좁으면 안 되기 때문에, 병력이 부족한 경우 행을 희생시켜 열을 늘렸다. 그러니까 종대의 깊이가 8명보다 얇아지는 경우가 심심치 않게 발생했다.

보통의 경우 1행부터 3행까지 장창을 전방을 향해 내밀었다. 이렇게 되면, 3행에 있는 호플리테의 장창 끝이 제일 앞에 서 있는 1행의 호플리테보다 조금 더 앞에 있게 된다. 그러니까 팔랑크스 전체를 놓고 보면 제일 앞에 있는 병사로부터 제일 길게는 약 2미터 정도의 길이로 장창이 적을 향하고, 2행의 호플리테의 창 끝은 1행의 병사로부터 약 1미터 앞, 3행의 호플리테의 창 끝은 1행의 병사 바로 앞에 놓인다. 근접전에서 이렇게 겹겹이 내민 창 끝을 뚫고 상대방 팔랑크스의 1행에 접근하기란 쉽지 않았다. 내 창이나 칼이 짧다면 공격할 방법이 아예 없고, 설혹 비슷한 길이의 창을 들었다고 하더라도 호플론에 튕겨 나오기 십상이다. 테르모필라이에서 페르시아 보병이 도륙을 당한 것도 결국 그리스군 팔랑크스의 장창 공격을 뚫고 공격할 방법이 없어서였다.

한편, 4행부터 8행까지 서 있는 호플리테의 장창은 앞으로 내밀어 봐야 적병에 닿을 리가 없었다. 어떤 면으로는 괜히 전방을 향하고 있다가 앞 행의 아군을 다치게 할 우려도 있었다. 그래서 뒤쪽의 호플리테들은 장창을 하늘을 향해 사선으로 들어올렸다. 팔랑크스 머리 위로 쏟아지는 화살이나 투창 같은 투사물을 쳐내는 역할을 맡았던 것이다. 그 외에도 앞에 선 호플리테가 쓰러지면 한 칸씩 앞으로 이동해서 자리를 메운다든지, 팔랑크스끼리 서로 밀어붙일 때 뒤에서 힘을 보탠다든지 하는 역할도 수행했다.

병사들 간에 서는 간격도 여러 가능성이 있었다. 보통의 경우는 호플리테 1명이 1미터 정도의 폭을 차지했다. 하지만 2미터 정도로 넓게 서는 경우도 있고, 또 보다 큰 압력이 필요한 경우 폭 1미터 당 2명의 호플리테가 서는 경우도 있었다. 이 마지막의 이른바 '서로 꽉 맞물린' 대형에 대해서는 좀 더 자세한 설명이 필요하다. 1미터라는 호플론의 직경을 생각하면 대략 어깨에서 무릎까지 가려진다. 그리고 호플론은 그냥 왼손으로 드는 게 아니었다. 안에 가죽 띠가 있어서, 팔 전체에 끼우는 식이었다. 그러니까 자신의 몸의 대부분을 가린 채 오른손에 든 장창으로 전방의 적병을 찌르게 되는 거였다.

자신의 몸의 왼쪽은 방패로 잘 가려지는 반면, 장창을 든 오른쪽은 아무래도 허점이 노출되기 마련이다. 이럴 때 오른쪽도 어떻게든 보호하고 싶은 것이 인간의 본능이자 인지상정이다. 그런데 오른쪽의 보호는 바로 내 오른편에 선 동료 병사의 호플론이 제공해줄 수 있다. 특히, 위의 꽉 맞물린 대형에서 효과가 두드러진다.

위에서 설명한 것처럼 팔랑크스 내에서 각 병사들이 자신의 오른쪽에 서 있는 병사의 방패에 의지하게 되면, 아무래도 왼쪽보다는 오른쪽이 좀 더 전진하는 모양새가 만들어진다. 왼손으로는 방패를, 그리고 오른손으로는 장창을 든 것도 그러한 경향에 일조한다. 그래서 처음에는 양쪽 부대가 서로 수평으로 대치하고 있다고 하더라도, 조금 시간이 지나고 보면 부대의 오른쪽 끝이 왼쪽 끝보다 전진한 양이 더 많다. 결국 부대 전체가 반시계 방향으로 회전하는 꼴이 돼버린다. 이러한 경향은 아군, 적군 가릴 것 없이 나타난다.

그리고 심리적으로도 오른쪽에 위치한 부대는 뭔가 공세적 입장에 서고, 왼쪽에 선 부대는 뭔가 수세적이고 밀리는 입장에 서게 된다. 대개 이런 양상이 나타나다 보니, 아예 배치할 때 정예병력을 가장 우측에 배치하는 일도 흔했다. 그래서 대개의 팔랑크스 간의 전투는 각 군의 오른쪽 부대가 상대방의 왼쪽 부대를 무너뜨리고, 이어 최정예 우익끼리 만나 마지막 자웅을 겨루는 것으로 결판이 나곤 했다.

보통 그리스 도시국가라는 표현을 쓰다 보니 이들이 정말로 도시에 사는 것처럼 생각하기 쉽다. 하지만 이들 도시국가의 정규 시민들 중 80% 이상은 사실 도시 주변의 농촌에 사는 자영 농민들이었다. 이러한 사실은 그리스 도시국가들 간의 전쟁 양상에도 큰 영향을 미쳤다. 후대의 역사가들이 보기에 이들이 전투하는 방식은 남다른 점이 한두 가지가 아니었다.

우선 전쟁이 벌어지면 탐색하고, 기만하고, 가능하면 원거리에서 공격하려 드는 게 일반적인 양상이다. 적군 가까이 접근할수록 내가 죽거나 다칠 수 있기 때문이다. 그런데 그리스 호플리테들은 그와는 정반대로 상대방을 향해 정면으로 도전해 들어간다. 이것 하나만으로도 다른 나라들의 병사들이 보기에 도저히 상대할 수 없는 괴물들로 느껴지게 되는 것이다. 또한 전투를 오래 끌지 않고 서로 최대한 단기간 내에 한판 승부를 벌여 끝낸다. 그리스인들의 호전적 충동이 남달리 높아서라는 해석도 과거에 없지 않았다.

이러한 양상이 나타나는 건 어쩌면 아주 단순한 원인 때문일 수도 있다. 앞에서 얘기한 바와 같이 그리스인들은 기본적으로 농부들이었고, 지금도 별반 다르지 않지만 고대 그리스의 주요 산업은 올리브와 포도 경작이었다. 이들은 경작에 워낙 손이 많이 가는 작물인 탓에 오랫동안 전쟁한답시고 농지를 떠나 있을 형편이 못 됐다. 이기던 지던 간에 최대한 빠른 시간 내에 결판을 내야 할 필요가 서로에게 있었던 것이다. 여기에 권투나 레슬링 같은 스포츠 경기를 벌이는 올림픽 축제의 영향도 일부 있지 않았을까 싶다. 마치 경기를 치르듯 한판 전투를 벌였다고 볼 수도 있다는 뜻이다.

포도가 주 산물이다 보니 포도주 또한 그리스에서 흔했다. 그리스인들은 전투가 시작되기 직전에 의전적인 아침식사를 하면서 포도주를 마셨다. 보통 때는 포도주에 물을 타 희석해 마셨고, 스파르타나 로크리스 같은 도시국가에서는 포도주를 원액 그대로 마시는 것을 금지했다. 술에 취해 비틀거리는 것을 절제의 미덕을 갖추지 못한 부끄러운 행위로 여겼기 때문이다. 하지만 전투 직전에 마실 때만큼은 평소보다 조금 더 진하게 마셨다. 술의 힘을 빌려 용기를 내는 것은 그때나 지금이나 다를 게 없다. 그러고는 "엘렐렐레우!" 하는 괴상한 함성을 지르면서 자신이 속한 팔랑크스의 동료들과 함께 적진을 향해 돌진해 들어갔다.

수십 킬로그램에 이르는 무거운 장비를 갖추고 100미터 이상의 거리를 이상한 소리를 지르면서 달려 들어와 한 덩어리로 부딪치는 팔랑크스를 상대방 입장에서 바라보면 무슨 느낌이 들었을까? '무슨 저런 야만인 집단이 다 있나?' 하는 생각에 진저리를 쳤을 것 같다. 특히, 전멸을 당할 걸 알면서도 마지막 한 명까지 싸우는 스파르타군의 명성을 접한 사람이라면 더욱 싸우고 싶지 않았을 것이다. 그렇게 고대 그리스의 팔랑크스는 당대 최고의 전투집단으로서 드높은 명성을 구가했다.

그렇지만 세상에 완벽한 것은 없다. 팔랑크스에 대한 효과적인 공략법이 전혀 없지는 않았다. 첫째로, 팔랑크스를 구성하는 호플리테들의 심리적 측면에 착안하여 승리를 거두는 방법이 등장했다. 대표적인 예가 기원전 371년 에파미논다스Epaminondas가 지휘하는 테베군이 스파르타의 팔랑크스를 물리친 레욱트라 전투Battle of Leuctra다. 테베는 그리스의 한 도시국가로 전통적으로 스파르타나 아테네보다는 한급 낮은 도시국가로 간주되었다. 그러다가 펠로폰네소스 전쟁이후 아테네가 쇠락하고 스파르타가 전권을 휘두른 지 30여 년이 지난 기원전 371년, 테베는 그리스 최강이라고 불리는 스파르타군과 맞서 싸워야 하는 상황에 처하게 됐다.

물론 테베는 신성대Sacred Band라는 이름하에 자신들의 최정예 병사 300명을 편성해두었지만, 개별 병사의 전투력이라는 측면에서 스파르타에 앞선다고 볼 수는 없었다. 게다가 병력상으로도 열세였다. 테베는 6,500명의 호플리테와 1,500명의 기병을 동원한 반면, 스파르타는 왕 클레옴브로투스Cleombrotus의 지휘 아래 1만 500명의 호플리테와 1,000명의 기병이 전투에 나서 병력비로도 3분의 2 수준에 불과했다.

그런데 에파미논다스는 자신의 부대의 우익과 중위의 병력을 빼

Philippos II

●●● 알렉산드로스 3세(알렉산드로스 대왕)의 아버지인 필리포스 2세는 후세의 전쟁사가들이 마케도니아식 팔랑크스라고 부르는 편제를 완성했다. 필리포스 2세는 10대 시절에 3년간 테베에서 볼모로 잡혀 지냈을 당시 에파미논다스로부터 군사 교육을 받았다. 자신이 직접 보고 경험한 에파미논다스의 사선진과 이피크라테스의 더 긴 장창, 이 두 가지를 결합시켜 마케도니아식 팔랑크스를 완성한 것이었다.

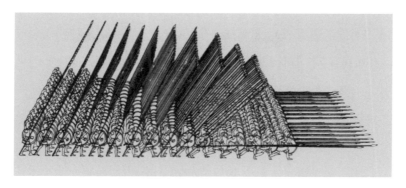

●●● 마케도니아 팔랑크스. 필리포스 2세는 자국 팔랑크스를 16행, 16열의 256명 편제로 만들었다. 기본적인 그리스 팔랑크스가 8행, 8열의 64명 편제니까 정확히 4배다.

내서 좌익에 위치한 팔랑크스의 종심을 50행으로 늘렸다. 한마디로 비정상적으로 두텁게 편성한 거였다. 그리고 자신의 좌익 부대가 먼저 스파르타군 우익과 접촉하도록 사선진斜線陣*으로 전진했다. 어차피 병력도 모자라고 개별 전투력도 앞서기 힘드니, 스파르타군의 우익을 증강된 자신의 좌익으로 무너뜨림으로써 승기를 잡자는 전술이었다.

스파르타군 우익의 최정예 팔랑크스는 테베군 좌익의 팔랑크스와 충돌하자마자 뭔가 밀린다는 느낌을 지울 수가 없었다. 자기네는 뒤에서 8~12행 정도의 사람들이 밀 뿐인데, 테베군이 50행의 사람들 몸무게로 밀어대니 밀리는 것은 당연했다. '이럴 리가 없는데……' 하고 의아해하다가 와르르 우익의 팔랑크스가 무너지고 말았다. 이 시점만 해도 전체 병력 면에서는 여전히 스파르타가 우위였다. 그런

---

* 영어로는 oblique order라고 불린다.

데 자신들의 최강 우익 팔랑크스가 무너지는 걸 보자 중앙과 좌익의 호플리테들은 '이거 오늘은 싸움이 안 되는구나!' 하는 생각에 휩싸였다. 결국, 테베는 작게는 47명, 많게는 300명의 손실에 그친 반면, 스파르타는 작게는 1,000명, 많게는 4,000명의 손실을 입고 지고 말았다.

둘째로, 장창의 길이를 늘리는 방법이 고안됐다. 경제적 관점으로도 들이는 노력은 별로 크지 않으면서 효과는 크게 누릴 수 있는 효율적인 방법이었다. 기원전 390년경 아테네의 이피크라테스Iphicrates는 호플리테의 장창의 길이를 약 3.5미터까지 늘리는 대신 방패와 갑옷의 크기를 줄여 기동력을 높이는 방식으로 스파르타군의 팔랑크스를 물리친 바 있다. 하지만 일회적인 변화에 그쳤고, 스파르타나 아테네 등의 도시국가들은 전통적인 호플리테의 무장으로 되돌아갔다.

한편, 그러한 변화의 바람은 그리스 변방의 왕국인 마케도니아Macedonia에서 계속되었다. 이피크라테스는 기원전 371년 갓 즉위한 마케도니아의 어린 왕 알렉산드로스 2세Alexandros II를 도와 출정한 적이 있었는데, 마케도니아인들이 이피크라테스의 호플리테가 보유한 3.5미터 길이의 장창에 깊은 인상을 받았던 모양이다. 기원전 359년 형의 아들이지만 젖먹이 아기에 불과한 아민타스 4세Amyntas IV를 몰아내고 왕위에 오른 필리포스 2세Philippos II는 후세의 전쟁사가들이 마케도니아식 팔랑크스라고 부르는 편제를 완성했다. 참고로, 필리포스 2세는 위의 알렉산드로스 2세의 동생이면서, 동시에 보통 알렉산드로스 대왕이라고 불리는 알렉산드로스 3세Alexandros III의 아버지다.

마케도니아의 호플리테는 우선 사리사sarissa라고 불리는 장창을 들었는데, 그 길이가 6.4미터로 이전의 도리보다 2배 이상 길어졌다. 이 정도 길어지다 보니 오른손만으로는 들 수 없어 양손을 모두 사용해서 들어야 했다. 따라서 이미 이피크라테스의 실험적인 호플리테에서 나타났듯 방패의 크기를 줄여 팔에 매달았다. 사리사가 워낙 긴 탓에 팔랑크스 5행의 사리사도 1행의 병사 앞으로 1미터가량 돌출하게 됐다. 이 말은 적의 병사가 마케도니아 팔랑크스의 1행의 병사를 칼로 공격하기 위해서는 약 5미터의 거리에 뻗어 있는 5개의 창 끝을 피해야 한다는 얘기다. 정면에서 마케도니아식 팔랑크스를 공략한다는 게 얼마나 어려운 일인가를 이를 통해 짐작해볼 수 있다.

게다가 필리포스 2세는 자국 팔랑크스를 16행, 16열의 256명 편제로 만들었다. 기본적인 그리스 팔랑크스가 8행, 8열의 64명 편제니까 정확히 4배다. 이는 에파미논다스의 사선진 전술과 유사하다. 실제로 필리포스 2세는 10대 시절에 3년간 테베에서 볼모로 잡혀 지냈다. 그때 에파미논다스로부터 군사 교육을 받았고, 신성대의 대장인 펠로피다스Pelopidas의 어린 동성애 상대이기도 했다. 그러니까 자신이 직접 보고 경험한 에파미논다스의 사선진과 이피크라테스의 더 긴 장창, 이 두 가지를 결합시켜 마케도니아식 팔랑크스를 완성한 거였다. 알렉산드로스 3세의 놀라운 군사적 성공은 본인의 군사적 재능 덕분이기도 했겠지만 부왕인 필리포스 2세가 완성시켜놓은 마케도니아식 팔랑크스의 막강한 전투력 덕도 적지 않았다고 봄이 마땅하다.

그러면 계속 진화를 거듭한 팔랑크스가 영원히 최강의 지위를 누렸을까? 당연한 이야기지만, 그럴 수는 없었다. 팔랑스크는 정면 근접육탄전에서 거의 무적이었다. 하지만 근본적인 약점과 한계도 없지 않았다. 워낙 중무장이고 밀집 대형을 이룬 탓에 방향 전환이 쉽지 않았고, 그 탓에 기동력 있고 병력 운용이 유연한 부대를 만나면 고전했다. 그렇게 우회를 당하고 난 뒤 측면과 후면에서 공격을 받으면 무기력하게 무너질 수 밖에 없었다.

그러한 대표적인 사례가 기원전 168년 팔랑크스를 주력으로 하는 마케도니아군과 레기온^{legion}을 주력으로 한 로마군 사이에 벌어진 피드나 전투^{Battle of Pydna}다. 피드나 전투에서 로마군 병력은 마케도니아에 비해 확연한 열세였다. 로마군 전체는 2만 9,000명 정도로 로마군 보병의 핵심을 이루는 레기온이 2개로 총 1만 5,000명 정도, 동맹군 보병과 기타 잡병이 9,500명, 그리고 기병 4,500기로 구성된 반면, 마케도니아군 총병력은 4만 4,000명으로 그중 2만 1,000명이 마케도니아식 팔랑크스를 구성했고 4,000기의 기병도 보유하여 로마군이 마케도니아군을 앞서는 부분은 거의 없었다.

전투 개시 후 정면 대결에서 로마군은 마케도니아군 팔랑크스의 벽을 뚫지 못하고 피해만 봤다. 로마군은 조금씩 뒤로 물러났고, 밀어붙이기 시작한 마케도니아군이 보기에 승리가 곧 눈앞에 있었다. 그런데 오히려 정반대의 일이 벌어졌다. 로마군이 패퇴를 가장한 후퇴를 통해 처음 접전이 벌어졌던 평지에서 울퉁불퉁한 지형으로 마케도니아군을 끌어들인 거였다. 그런 후, 상대방 진영의 약점을 파고드는 능력이 뛰어났던 레기온은 팔랑크스 간의 간격이 벌어진 틈으로 돌입하여 팔랑크스의 측면과 후면을 공격했다. 그것으로 마케도니아군의 운명은 끝이 나버렸다. 마케도니아군은 포로를 포함하여 3만 명 이상의 손실이 발생한 반면, 로마군은 수천 명 정도의 손실을 입는 데 그쳤다.

그렇게 팔랑크스는 역사의 한 페이지를 장식하고 서서히 사라져 갔다.

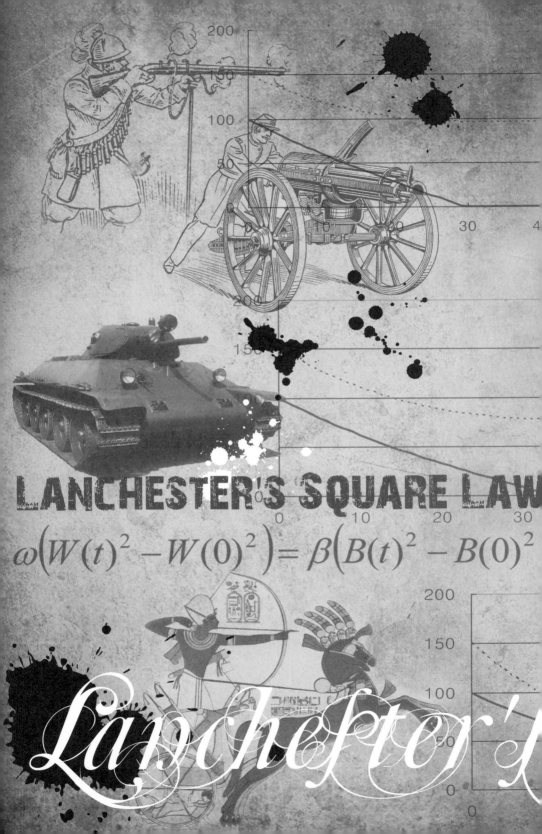

LANCHESTER'S SQUARE LAW

$$\omega\left(W(t)^2 - W(0)^2\right) = \beta\left(B(t)^2 - B(0)^2\right)$$

PART 3
점과 점이 싸우는
원거리 사격전의 경제학

Square Law

CHPATER 7
원거리 사격무기가
전투의 양상을 바꾸다

● 부족한 병력을 병사들의 보다 우수한 전투력으로 벌충해보겠다는 생각은 경제의 관점에서 보자면 지극히 상식적이다. 병사들의 전투력을 범주화시켜보면 크게 세 가지를 고려해볼 수 있다. 상대를 해할 수 있는 공격력, 상대의 공격을 무력화시킬 수 있는 방어력, 그리고 전술적 우세에 도움이 되는 기동력이다.

그런데 사실 칼이나 창을 든 개별 병사들의 공격력을 올리는 데에는 분명히 한계가 있다. 아무리 훈련을 많이 해도 사람의 근력이 맹수의 근력과 같아질 수는 없다. 즉, 내리치거나 찌르는 힘은 결국 거기서 거기다. 그리고 무기 자체로 봐도, 철을 기본적인 재료로 사용하는 한 칼과 창 자체의 관통 성능, 절삭 성능이 근본적으로 달라질 리는 없다.

방어력은 조금 다른 문제였다. 이는 공격력과는 달리 키우려면 키울 수는 있는 성질의 것이었다. 하지만 어떤 훈련도 사람의 피부를 두껍게 만들 수는 없다는 점은 분명했다. 즉, 날카로운 무기를 막아 내려면 손에 든 방패에 더해 두꺼운 갑옷과 투구로 온몸을 보호할 필요가 있었다. 하지만 이는 필연적으로 병사들이 몸에 지니는 무장의 무게 증가를 가져왔고, 이는 병사들의 움직임을 둔하게 만드는 요인이 되었다. 극단적으로 어떠한 공격으로부터도 보호받을 수 있을 정도의 방어력을 갖추고 나면 아예 공격이나 기동이 불가능했다.

기동력도 방어력과 비슷했다. 사람이 빨리 뛸 수 있는 데에는 한계가 있었고, 이를 극복할 수 있는 유일한 방법은 다른 동물들을 이용하는 거였다. 말을 이용하는 병거나 기병의 등장이 그러한 예다. 하지만 거기에는 또 다른 제약이 따랐다. 가령, 평지가 아닌 험한 지역에서 기병의 장점은 반감되기 마련이다. 그리고 말을 운용하려면 사료나 물을 대량으로 공급해야 하는데, 이게 결코 쉽지 않았다. 뭔가 하나를 얻으려면 다른 것 하나를 희생시키거나 포기해야만 한다는 경제의 원리가 여기서도 작동한다는 얘기다.

이러한 제약 하에서 서양의 군대는 철제 갑옷을 통한 방어력 증대와 기병화를 통한 기동력 증대라는 두 가지 방향을 동시에 추구하는 쪽으로 서서히 변화해나갔다. 그러한 추세의 정점에 위치한 것이 중세 유럽의 기사들이다. 이들은 글자 그대로 머리 끝부터 발 끝까지 철판으로 둘렀고, 그래서 검과 창으로 이들에게 상해를 입힐 방법은 없다고 봐도 무리는 아니었다.

하지만 이 또한 문제점이 없지는 않았다. 갑옷의 무게가 워낙 무거워 주위의 시종들이 도와줘야만 기사들이 말을 타거나 내릴 수 있었고, 타고 있는 말이 공격받아 쓰러지고 나면 몸을 가눌 수가 없어 더 이상 전투는 불가능했다. 그리고 기사들로 구성된 부대 간의 전투는 결국 다시 어느 쪽에 더 많은 기사가 있냐는 숫자의 문제로 귀결되었다.

한편, 전혀 다른 방식으로 공격력을 높이는 방법이 있을 수 있다. 앞 장의 마케도니아 팔랑크스가 정통적인 팔랑크스에 대해 갖는 강점을 생각해보면 알 수 있을 것이다. 즉, 사리사의 길이가 도리보다 2배 이상 길었기 때문에 도리를 든 스파르타군은 마케도니아군에 아무런 피해를 입힐 수 없는 반면, 마케도니아군은 스파르타군에 타격을 가할 수 있었다. 이러한 차이를 계속 추구해가다 보면, 결국 아예 원거리에서 공격하는 편이 정답이라는 생각을 하게 된다. 바로 원거리 사격무기 얘기다.

구석기 시대에 이미 만들어졌던 것으로 알려진 활은 아주 오래된 대표적 원격무기다. 활은 나무 등 탄성이 있는 재료를 이용해 일종의 위치에너지를 축적했다가 이를 운동에너지로 변환시키는 원리를 이용하여 손으로 던지는 것보다 더 멀리, 더 빠른 속도로 화살을 날려 보낼 수 있다. 그렇게 쏜 화살로 적군을 정확하게 명중시킬 수 있겠느냐는 문제는 남지만, 적어도 적 보병의 칼과 창 공격 범위 밖에서 공격할 수 있다는 사실은 틀림없는 장점이었다. 그런 이유로 활로 공격하는 궁병은 창병이나 검병과 함께 보병의 주요한 구성요소 중의 하나였다.

한편, 원거리 사격무기라는 활의 유용성을 보병만 누리란 법은 없었다. 1장에서 잠깐 언급했던 기원전 1274년의 카데쉬 전투Battle of

Kadesh에서 이집트군이나 히타이트군 모두 병거를 자신들의 핵심 부대로 활용했는데, 병거에 올라탄 병거병은 활을 이용해 공격하는 일종의 기동 궁병이었다. 보통 전거, 그러면 바퀴 축에 날카로운 낫이 장착된 수레를 떠올리지만, 이러한 낫 장착 전거는 카데쉬 전투보다 한참 후대에 페르시아 등에서만 사용된 일종의 예외적 존재였다.

또한 활을 주 무장으로 하는 기병인 궁기병이라는 병종도 존재했다. 중앙아시아의 유목민족들은 대부분 이런 궁기병을 주력으로 삼았고, 이들의 위력은 상대방 입장에서는 한마디로 무시무시했다. 몽골 제국을 수립한 칭기즈 칸Chingiz Khan은 사실상 궁기병 하나로 유라시아 대륙을 평정했다. 또한 제3차 십자군전쟁 당시, 예루살렘 왕국과 성당기사단, 성요한기사단 등의 십자군 부대가 궁기병으로 구성

●●● 기원전 1274년의 카데쉬 전투(왼쪽 그림)에서 이집트군이나 히타이트군 모두 병거를 자신들의 핵심 부대로 활용했는데, 병거에 올라탄 병거병은 활을 이용해 공격하는 일종의 기동 궁병이었다. 원거리 사격무기인 활은 나무 등 탄성이 있는 재료를 이용해 일종의 위치 에너지를 축적했다가 이를 운동 에너지로 변환시키는 원리를 이용하여 손으로 던지는 것보다 더 멀리, 더 빠른 속도로 화살을 날려 보낼 수 있다. 적어도 적 보병의 칼과 창 공격 범위 밖에서 공격할 수 있다는 사실은 틀림 없는 장점이었다. 그런 이유로 활로 공격하는 궁병은 창병이나 검병과 함께 보병의 주요한 구성요소 중의 하나였다.

된 살라딘의 이슬람군에 의해 몰살당한 1187년의 하틴 전투Battle of Hattin도 궁기병의 위력이 어떠했는지를 알 수 있게 해주는 좋은 사례다.

사실 말이 나왔으니 말인데, 활에 관해서 남다른 능력과 역사를 가진 나라가 바로 우리나라다. 예전부터 중국인들은 세상의 중심이 중국이고, 그 외의 나머지 주변국은 모두 변방의 오랑캐라는 시각을 갖고 있었다. 한나라 때부터 '동이, 서융, 남만, 북적'이라는 말로 주변국을 지칭했는데, 이夷, 융戎, 만蠻, 적狄이라는 네 글자에 모두 오랑캐라는 뜻이 있을 정도로 그러한 시각이 노골적이다. 그중 동이가 바로 우리의 선조다. 이夷라는 한자를 잘 보면 큰 대大와 활 궁弓이 합쳐진 글자임을 알 수가 있다. 즉, 동이는 동쪽의 큰 활을 쓰는 민족이란 뜻이었다.

이외에도 고구려는 맥궁이라는 활을 주 무장으로 하는 궁기병의 강력한 전투력으로도 명성이 높았다. 맥궁은 활의 길이가 1미터가 안 되는, 그렇게 큰 활은 아니었음에도 최대사거리가 300미터에 이를 정도로 강력했다. 강력함의 비결은 바로 남다른 재료의 선택에 있었는데, 수입한 물소 뿔로 활을 만들어 그 탄성이 매우 뛰어났다.

그렇지만 그렇다고 궁병이 천하무적이지만은 않았다. 자신은 공격받지 않으면서 남을 공격할 수 있다는 장점을 가진 궁병에게는 하나의 치명적인 약점이 존재했다. 바로 창과 칼로 무장한 보병에게 근접전을 허용하게 되면 일방적인 손실을 입게 된다는 점이었다. 궁병이 가진 활은 원거리 전투에서만 효과적일 뿐, 근접육탄전에서의 효력은 매우 떨어졌다. 이런 이유로 궁병들은 대개 보조 무장으로 칼도 지니고 있기는 했다. 하지만 경제의 문제에서 둘 다 가질 수 있는 경우란 없듯이, 궁병은 아무리 칼을 들었다고 하더라도 육탄전으로 단련된 상대 보병과 맞설 정도의 실력은 못 됐다. 그래서 전체 부대에서 궁병이 차지하는 비율을 높이는 데에는 한계가 있었다.

한편, 활과 비슷하지만 조금 다른 특성을 갖는 쇠뇌라는 사격무기도 있었다. 영어로는 크로스보우crossbow, 한자로는 노弩라고 부르며, 고구려와 신라의 병사들이 사용했다는 기록도 찾아볼 수 있다. 쇠뇌 대신 석궁石弓이라는 말을 쓰는 경우도 있지만, 이는 적절치 못한 용어다. 석궁이라는 말 자체는 고대 서양의 공성무기인 발리스타ballista를 일본말로 번역한 것으로 보인다.

쇠뇌는 재료의 탄성에너지를 이용하는 것은 활과 동일하지만, 기구 장치를 이용하여 줄을 당김에 따라 팔의 힘으로 당기는 일반적인 활보다 더 큰 힘을 낼 수 있었다. 그 결과 관통력에서 보통의 활을 압도하는 성능을 보였고, 특히 활보다 조금 더 조준을 통한 직사가 가능했다. 쇠뇌의 위력이 워낙 막강해서 특별한 훈련을 받지 못한 병사들도 이를 갖고 중무장한 중세 기사의 갑옷을 뚫을 수 있었다. 이는 당시 서양의 지배계급이었던 왕족과 기사들에게는 좋지 않은 소식이었다. 그래서 이들은 쇠뇌의 사용을 명예롭지 못한 행위로 규정하려 했고, 심지어 1139년 제2차 라테란 공의회Second Council of the Lateran는 쇠뇌로 그리스도교인들을 공격하는 것을 금지하는 칙령을 내렸다. 이 말은 이슬람인에게 쏘는 것은 괜찮다는 뜻이기도 했다.

급기야 궁병은 서양에서 수백 년 이상 계속된 중장기병 중심의 전투 양상을 종식시키게 된다. 1337년에 시작된 이른바 백년전쟁에서 잉글랜드와 프랑스는 초기의 소강 상태를 넘기고 1346년 드디어 본격적인 첫 번째 전투를 치르게 되었으니, 그것이 바로 크레시 전투Battle of Crécy다. 크레시 전투는 영국이 평민으로 구성된 장궁병으로 프랑스의 귀족 중장기병을 패퇴시킨 전투라고 흔히 일컬어진다. 이때 잉글랜드 궁병이 사용한 활은 길이가 워낙 길어 특별히 장궁이라고 칭한다. 길이가 무려 2미터에 달하고 시위를 당기기는 데 워낙 힘이 들어 최소 수년에 걸친 집중적인 훈련을 받아야 화살을 날릴 수 있었다.

크레시 전투 이전까지만 해도 잉글랜드는 프랑스와 견주기에는 부족함이 많은 왕국이었다. 현재의 프랑스 영토인 노르망디Normandie 지방에서 벌어진 이 전투에서 잉글랜드는 5,000명의 궁병, 2,500명의 창병, 3,000명의 경기병, 그리고 2,500명의 중장기병을 동원하여 총병력은 1만 4,000명에 이르렀다. 이에 반해, 프랑스군 편에는 필리프 4세^{Philippe IV} 휘하의 중장기병이 최소 1만 2,000명에 이르고, 긁어 모은 보병 혹은 창병 또한 비슷한 수가 있었으며, 그리고 쇠뇌를 주 무기로 쓰는 당대 최고의 용병 집단, 제노바^{Genova}의 노병^{弩兵}이 6,000명이나 있었다. 즉, 전체 병력이 3만 명에 달해 병력비에서 잉글랜드의 2배가 넘었고, 또한 그 이전까지의 전투를 결판 짓는 세력인 중장기병이 5배 가까이 많아 이미 싸우기 전에 결판이 난 듯싶었다.

전투의 서막은 영국의 궁병과 제노바의 노병 사이에 벌어졌다. 그런데 놀랍게도 우세한 병력과 사용 무기 그리고 부대의 명성 등 제노바군의 압승이 예상되었음에도 불구하고 실제로는 제노바군이 큰 타격을 입고 후퇴하고 말았다. 보통 이에 대해서 쇠뇌의 연사속도가 1~2분에 1발 정도에 불과한 반면, 장궁은 1분에 6~10발 정도를 쏠 수 있어서 제노바군이 밀렸다는 얘기를 많이 한다.

이는 사실 좀 과장된 면이 없지 않은데, 최근의 실험 결과에 의하면, 쇠뇌의 연사속도는 같은 조건에서 장궁의 반 정도는 된다는 것이 밝혀졌기 때문이다. 그리고 쇠뇌의 최대사거리는 270미터에 달해, 보통의 장궁병이 쏠 수 있는 사거리 300미터와 큰 차이는 없었다. 그렇더라도 확실히 연달아 화살을 발사하는 면에서는 쇠뇌 쪽이 장궁보다는 불리했다고 볼 만하다.

제노바군이 와해된 데에는 앞에서 나온 연사속도의 차이 말고도 여러 가지 원인이 있었을 것으로 짐작된다. 그중 한 가지로, 오후 4시경에 시작된 최초 접전 직전에 갑자기 소나기가 전장에 내렸는데,

쇠뇌는 비를 맞으면 성능이 대폭 떨어지는 약점이 있었다. 게다가 잉글랜드의 장궁병을 얕잡아봤다가 자신들 이상의 위력을 겪고는 심리적으로 크게 흔들렸고, 무엇보다도 이들은 확실히 이길 것 같지 않으면 목숨 걸고 싸우지 않는 용병들인 탓에 뒤로 물러나서 더 이상 전투에 참가하지 않았던 것이다.

그러자 필리프 4세는 휘하의 중장기병을 휘몰아 잉글랜드군을 향해 돌격을 감행했다. 웬만한 궁병대는 중장기병의 이런 돌격 앞에 풍비박산이 났던 것이 이전의 전투 양상이었다. 그런데 장궁의 위력이 쇠뇌 이상이라는 걸 생각지 못했던 것이다. 장궁에서 발사된 화살은 중장기병이 입고 있는 갑옷의 약한 부분을 충분히 관통할 수 있었고*, 또 타고 있는 말들도 쉽게 쓰러뜨렸다.

'저 따위 잡병들한테 감히 질쏘냐?' 하는 정신으로 프랑스군 중장기병은 이날 모두 15차례의 돌격을 감행했지만 비 오듯 쏟아지는 화살에 피해가 누적되었다. 결국 그날 밤 필리프 4세가 부상을 입으면서 후퇴하는 것으로 전투는 끝이 났다. 잉글랜드군은 200명 정도의 손실에 그친 반면, 프랑스군은 중장기병만 2,000명이 넘는 손실을 입어 잉글랜드군의 압도적인 승리였다. 오래전에 역사의 유물이 되어버린 중장보병에 이어 이제 중장기병의 시대도 저물어가기 시작했던 것이다.

---

* 장궁의 관통력에 대한 지나친 과대평가는 금물이다. 현대에 들어 실험을 통해 검증한 바에 의하면, 20미터 이내의 사거리에서만 확실히 당시의 갑옷을 뚫을 수 있었고, 30미터의 거리에서는 부상을 입히는 데 그치고, 80미터의 거리에서는 전혀 뚫을 수가 없었다.

●●● 백년전쟁에서 가장 중요한 전투로 꼽히는 크레시 전투는 흔히 영국이 평민으로 구성된 장궁병으로 프랑스의 귀족 중장기병을 패퇴시킴으로써 서양에서 수백 년 이상 계속된 중장기병 중심의 전투 양상을 종식시킨 전투로 일컬어진다. 잉글랜드군의 장궁(그림 오른쪽 아래)은 프랑스군 쇠뇌(그림 왼쪽 아래)보다 위력적이었다. 프랑스군 중장기병은 비 오듯 쏟아지는 장궁 화살에 피해가 누적되었고, 결국 필리프 4세가 부상을 입으면서 후퇴하는 것으로 전투는 끝이 났다.

Battle of Crécy

arquebus

영어로 아퀴버스, 우리말로 화승총 혹은 조총으로 불리는 무기는 화약의 폭발에너지를 이용해 동그란 쇠구슬을 빠른 속도로 발사하는 원리로 작동한다. 아퀴버스를 발사하려면, 먼저 총신 내에 화약을 집어넣고, 그 다음 직경 15밀리미터 정도 되는 쇠구슬을 총신의 앞쪽, 즉 총알이 적을 향해 나가는 쪽으로부터 거꾸로 집어넣고, 긴 막대기를 이용해 끝까지 꾹꾹 눌러야 한다. 이렇게 총구 쪽으로 총알을 장전하는 방식을 전장식이라고 부른다.

musket

머스킷은 아퀴버스에 비해 좀 더 신뢰성 있는 격발 방식을 갖춘 전장식 총이다. 머스킷은 긴 것은 2미터에 달할 정도로 커서 초기에는 직접 들고 쏘지 못하고 꼬챙이 같이 생긴 쇠로 만든 거치대 위에 올려놓고 쏴야 했다. 대신 그만큼 화약의 양을 늘려 그것의 폭발로 인한 압력을 높일 수 있어서 아퀴버스보다 사정거리와 관통 성능이 더 우수했다. 이후 직사무기로서의 총기는 계속 발전을 거듭했고, 그리하여 양쪽 부대 모두 먼 거리에서 상대방을 조준사격하는 원거리 사격전이 도래했다.

크레시 전투 후 얼마 지나지 않아 이러한 추세를 더욱 가속화시킨 물건이 등장했다. 영어로 아퀴버스^{arquebus}, 우리말로 화승총 혹은 조총이라고 불리는 무기다. 우리가 오늘날 총으로 분류하는 무기의 초기 형으로, 활이나 쇠뇌와 같은 기존의 원거리 사격무기와 다른 원리로 작동되었다.

바로 재료의 탄성에너지가 아니라 화약의 폭발에너지를 이용해 동그란 쇠구슬을 빠른 속도로 발사하는 원리다. 아퀴버스를 발사하려면, 먼저 총신 내에 화약을 집어넣고, 그 다음 직경 15밀리미터 정도 되는 쇠구슬을 총신의 앞쪽, 즉 총알이 적을 향해 나가는 쪽으로부터 거꾸로 집어넣고, 긴 막대기를 이용해 끝까지 꾹꾹 눌러야 한다. 이렇게 총구 쪽으로 총알을 장전하는 방식을 전장식前裝式이라고 부른다.

그 다음 총구 내의 화약을 폭발시키려면 불을 붙여야 하는데, 처음에는 그냥 심지에 불을 붙여서 발사하는 원시적인 방법이 사용된 탓에 문제점이 많았다. 대표적인 것으로 발사 시점을 조절하기 어렵다든지 혹은 비가 오면 불을 붙일 수가 없다든지 하는 것이 그 예다. 격발 방식 개선에 대한 요구가 끊이지 않은 결과, 다양한 방식의 새로운 총들이 만들어졌다.

가령, 머스킷^{musket}은 아퀴버스에 비해 좀 더 신뢰성 있는 격발 방식을 갖춘 전장식 총이다. 머스킷은 긴 것은 2미터에 달할 정도로 커서 초기에는 직접 들고 쏘지 못하고 꼬챙이같이 생긴 쇠로 만든 거치대 위에 올려놓고 쏴야 했다. 대신 그만큼 화약의 양을 늘려 그의 폭발로 인한 압력을 높일 수 있어서 아퀴버스보다 사정거리와 관통 성능이 더 우수했다.

아퀴버스가 등장했다고 해서 기존의 활이나 쇠뇌가 한순간에 사라지지는 않았다. 활에 비해 화승총이 갖는 단점도 적지 않았다. 우선 연사속도가 너무 느렸다. 한 발을 발사하고 다시 장전해서 재발사하는 데 숙련자들도 30초 정도는 소요되었고, 초심자들의 경우 2분 정도 걸리기도 했다. 또 초기에는 기술적인 문제점이 완전히 해결되지 않아 이유 없이 총 자체가 폭발해버려 총을 쏘던 병사와 그 주변에 있는 사람들이 다치는 일도 빈번했다.

그리고 명중률이라는 측면에서도 활에 비할 수 없을 정도로 부정확했다. 대략 30미터에서 50미터까지는 조준사격으로 명중시킬 수 있었지만, 이 거리를 넘어가면 급속히 부정확해지면서 한 100미터 이상의 거리에서는 총알이 어디로 갈지 알 수 없었다. 그에 비해 활의 경우, 숙련된 궁병이 쏠 경우 100미터 이상의 거리에서도 충분히 정지된 물체를 맞힐 수 있었다. 그러니까 연사속도, 신뢰성, 정확도라는 관점에서 보면 아퀴버스는 활은 물론 쇠뇌만도 못한 그런 물건이었다.

하지만 원거리 사격무기를 상대해야 하는 기존의 창검 보병과 기병들 입장에서 활보다 더 상대하기 어려운 특징이 이러한 약점투성이의 화승총에 있었다. 결정적으로, 아퀴버스는 장궁은 물론이거니와 쇠뇌보다도 배우기 훨씬 쉬웠다. 장궁은 최소 6년 정도의 훈련을 필요로 했고, 쇠뇌도 조준해서 맞히려면 꽤 훈련이 필요했다. 그에 비해 아퀴버스는 막말로 밭 갈던 농노도 눈앞에 있는 철갑 기사를 쓰러뜨리는 데 반나절 정도의 훈련이면 족했다. 그리고 6개월 정도 훈련을 받으면 유효사거리 내에서 충분히 정확한 조준사격이 가능했다.

위력도 쇠뇌나 장궁보다 강했다. 쇠구슬의 크기나 화약의 양 등 조건에 따라 천차만별의 결과가 나오기는 했지만, 대략 150미터 이내에서 명중되기만 하면 살상이 가능했고, 50미터 정도에서도 쇠갑옷을 관통할 수 있었다. 이는 기본적으로 화승총의 총구속도가 활보다 훨씬 빠른 것을 생각하면 당연한 일이다. 화살의 경우, 발사속도는 초당 65미터 정도에 그치는 반면, 초기의 아퀴버스도 보통 초당 200미터에서 300미터 사이의 총구속도를 가졌다. 게다가 화살이나 쇠뇌살보다 쇠구슬 쪽이 휴대하기도 간편하고 부피가 작아 보급하기도 용이했다.

한편, 궁극적으로 사람이 다치거나 죽는 이유는 그러한 발사된 물체, 즉 화살이나 쇠구슬의 운동에너지에 기인한다. 에너지의 단위인 줄^{joule}로 표현하자면, 통상 200줄 정도 되면 사람에게 치명상을 가할 수 있다. 200줄의 에너지는 1킬로그램의 질량이 초속 20미터로 날아갈 때에 해당하며, 좀 더 이를 실감하기 위해 0.145킬로그램의 질량을 갖는 야구공으로 생각해보면 초속 53미터로 날아갈 때에 해당한다.

그러면 살상 능력의 관점에서 좀 더 구체적으로 위의 화살과 화승총의 쇠구슬을 비교해보도록 하자. 아퀴버스의 쇠구슬은 영미의 질량 단위로 2온스, 즉 대략 57그램의 질량을 가지며, 초속 250미터의 총구속도를 가정하면 발사 시의 에너지는 1,700줄이 넘는다. 반면, 장궁의 화살 무게는 54그램 정도로, 초속 65미터의 초기 발사속도를 가정하면 110줄을 약간 넘는 데 그친다. 이를 통해 확연한 차이가 있음을 알 수 있다.

다만, 화살과 쇠구슬의 공기역학적 특성이 다르다는 점을 조금은 감안할 필요가 있다. 무슨 말이냐 하면, 최대사거리 내에서 화살은 활을 떠날 때의 속도와 표적에 도달할 때의 속도가 그렇게 크게 차이 나지는 않는 반면, 쇠구슬의 경우 어느 거리를 넘어가면 급격히 속도가 떨어지는 특성이 있다.

세상이 화승총의 위력을 제대로 실감하게 된 전투 중에 1575년의 나가시노長篠 전투가 있다. 간토 지방에 있는 가이甲斐와 시나노信濃의 맹주였던 다케다 신겐武田信玄은 일본 최고의 전략가라는 세간의 칭호가 무색하지 않게 1573년 미카타가하라三方ヶ原 전투에서 오다 노부나가織田信長와 도쿠가와 이에야스德川家康의 연합군을 대파했다. 이때 거의 죽을 뻔한 이에야스는 근처 성으로 몸을 피하면서 너무 겁에 질려 말 위에서 대변을 봤다는 일화도 전해진다. 사실, 양군의 병력 차를 감안하면 다케다군의 승리는 당연했다. 도쿠가와군이 8,000명, 오다의 원군이 3,000명에 불과해 다케다군의 2만 7,000명의 반도 되지 않았으니 말이다. 그러나 다케다 가문으로서는 유감스럽게도 이 전투 직후 신겐이 갑작스레 병사했다.

그 후 세력을 재정비한 도쿠가와군의 나가시노長篠 성을 빼앗기 위해 신겐의 아들 다케다 가츠요리武田勝頼는 1만 5,000명을 이끌고 출정했다. 이에야스는 휘하의 8,000명을 동원함과 동시에 노부나가에게 증원을 요청하게 되고, 노부나가는 무려 3만 명을 직접 이끌고 전장에 당도했다. 2년 전 미카타가하라 전투와 비교할 때 병력비에서 입장이 완전히 뒤바뀌었던 것이다. 그렇지만 다케다 가문에는 여전히 일본 최강이라는 1만 2,000명의 기마대가 있었고, 그중 4,000명이 이번 나가시노 전투에 참가 중이었다. 그리고 신겐 시절부터 용맹한 부장들인 고사카 마사노부高坂昌信, 야마가타 마사카게山県昌景, 나이토 마사토요內藤昌豊, 바바 노부하루馬場信春, 사나다 마사유키真田昌幸 등도 건재했다.

이에 맞서는 오다군의 비밀병기는 바로 3,000명에 달하는 화승총병이었다. 화승총의 존재 자체가 기습은 아니었다. 왜냐하면, 다케다군도 수백 명 정도의 화승총병을 보유하고 있었기 때문이다. 다만, 3,000명이라는 대규모는 확실히 예상외였다. 게다가 노부나가는 이 3,000명을 사격조와 장전조로 나누어 사격조는 장전이 되어 있는 3정의 아퀴버스로 사격을 가하고 장전조는 사격하고 난 아퀴버스에 계속 장전만 하는 식으로 화력의 밀도와 충격력을 끌어올렸다. 50미터 이내 거리에 들면 발사하는 이들 화승총병 부대의 일제사격에 다케다군의 정예 중기병은 무용지물이 되었고, 결국 다케다군은 1만 명의 손실을 입고 퇴각할 수 밖에 없었다. 이에 비해 오다-도쿠가와 연합군의 손실은 6,000명에 그쳤다.

참고로 조총 그러면 임진왜란 때 왜군이 생각나지만, '새(를 잡는) 총'으로 읽히는 이 단어는 명나라에서 쓰던 중국말이었다. 일본에서는 아퀴버스를 다네가시마 혹은 히나와주火繩銃(화승총)라고 부르며, 조총이라고 부르지 않는다. 다네가시마는 우리말로 종자도種子島로, 일본 규슈九州 지방에 있는 섬이다. 1543년 포르투갈 상인이 다네가시마種子島에 표류해 왔을 때, 섬의 영주가 2정의 아퀴버스를 구입하면서 일본에 소개되었고, 이후 일본에서 아퀴버스는 다네가시마라는 이름으로 불리게 되었다.

　이후 직사무기로서의 총기는 계속 발전을 거듭했고, 그리하여 양쪽 부대 모두 먼 거리에서 상대방을 조준사격하는 원거리 사격전이 도래했다. 방금 전에 든 예들은 한쪽은 원거리 사격을 하고 다른 한쪽은 전통적인 기병으로 돌격하는 경우였다. 이동 속도가 기병보다 느린 창검병이었다면 말할 것도 없이 더욱 참혹한 패배를 당할 수밖에 없다. 하지만 양쪽 모두 원거리에서 사격을 하게 된다면 어느 한쪽이 일방적으로 밀릴 이유는 없다.

　문제는 이러한 원거리 사격전이 벌어질 때 앞의 근접육탄전과 비슷한 양상으로 전개될까 하는 점이다. 근접육탄전은 포위를 할 수 있는 게 아니라면, 1만 명으로 이길 수 있는 전투에서 병력을 2만 명으로 늘렸다고 해서 아군의 손실이 줄어든다거나 혹은 적군의 손실이 더 커지지는 않았다. 그 말은 병력을 집중해봐야 별로 달라질 게 없다는 얘기다. 다시 말해, 원거리 사격전을 지배하는 수학적 모델이 앞서의 선형 법칙과 같은 것이겠느냐 하는 것이다. 이 질문에 대한 답을 얻기에 앞서, 다음 장에서는 원거리 사격전을 행하는 대표적인 병과인 전차에 대해 간단히 알아보도록 하자.

CHAPTER 8
독일과 소련이
지상 최대의 전차전을 앞두다

● 총의 위력과 정확도가 점점 높아짐에 따라 과거의 무기와 전투 방식은 전장에서 사라질 운명에 처하게 됐다. 징집된 평민 보병들은 더 이상 귀족 기병대의 돌격을 두려워하지 않았다. 말이 아무리 빨리 뛴다고 해도 날아오는 총알을 피해갈 재주는 없었다. 일렬로 서서 일제사격을 가하던 18, 19세기의 보병 전술 또한 마찬가지였다. 그렇게 몸을 드러내놓았다가는 사격장의 과녁 꼴이 날 터였다.

게다가 1861년 미국인 리처드 개틀링Richard Gatling이 세계 최초의 기관총인 개틀링 총을 만들어내면서 그러한 추세는 더 이상 돌이킬 수 없는 지경에 이르게 되었다. 사실 개틀링은 무기 제작이나 기계 공학과는 전혀 무관한 사람으로, 의사가 되기 위한 정규 교육을 받았던 사람이다. 그럼에도 수많은 발명품을 직접 만들어내어 큰 재산을 모았고, 개틀링 기관총도 그중의 하나였다.

Richard Gatling

의사였던 리처드 개틀링(왼쪽 사진)은 미국에서 남북전쟁
이 벌어지자 징집된 수많은 젊은이들이 병에 걸려 죽는 것
을 보고 마음 아파했다. 그래서 자신이 만든 기계가 병사
100명의 역할을 할 수 있다면 아까운 젊은이들이 전쟁터
에서 죽는 것을 막을 수 있지 않을까 생각하여 1861년에
개틀링 총(아래 그림)을 만들게 되었다. 그러나 그의 발명품
은 그의 바람과 정반대의 결과를 가져왔다.

Gatling gun

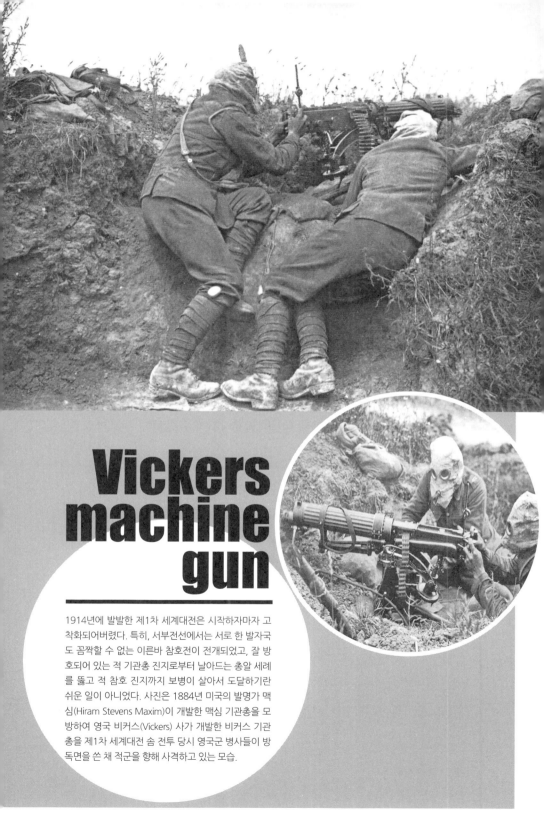

Vickers machine gun

1914년에 발발한 제1차 세계대전은 시작하자마자 고착화되어버렸다. 특히, 서부전선에서는 서로 한 발자국도 꼼짝할 수 없는 이른바 참호전이 전개되었고, 잘 방호되어 있는 적 기관총 진지로부터 날아드는 총알 세례를 뚫고 적 참호 진지까지 보병이 살아서 도달하기란 쉬운 일이 아니었다. 사진은 1884년 미국의 발명가 맥심(Hiram Stevens Maxim)이 개발한 맥심 기관총을 모방하여 영국 비커스(Vickers) 사가 개발한 비커스 기관총을 제1차 세계대전 솜 전투 당시 영국군 병사들이 방독면을 쓴 채 적군을 향해 사격하고 있는 모습.

만든 동기가 흥미로운데, 개틀링은 같은 해 미국에서 남북전쟁이 벌어지자 징집된 수많은 젊은이들이 병에 걸려 죽는 것을 보고 마음 아파했다고 한다. 그래서 자신이 만든 기계, 즉 개틀링 총이 병사 100명의 역할을 할 수 있다면 그로 인해 아까운 젊은이들이 전쟁터에서 죽는 것을 막을 수 있지 않을까 생각했던 것이다. 물론, 그의 발명품은 그의 바람과 정반대의 결과를 가져왔다.

1914년에 발발한 제1차 세계대전은 시작하자마자 고착화되어버렸다. 특히, 서부전선이 그랬다. 서로 한 발자국도 꼼짝할 수 없는 이른바 참호전이 전개되었고, 잘 방호되어 있는 적 기관총 진지로부터 날아드는 총알 세례를 뚫고 적 참호 진지까지 보병이 살아서 도달하기란 쉬운 일이 아니었다. 그마저도 전선 곳곳에 설치해놓은 철조망으로 인해 돌격 자체가 불가능한 경우도 많았다. 군대 가면 훈련받게 되는 낮은 포복 훈련은 바로 제1차 세계대전의 유산이다. 철조망 밑으로 기기라도 해야 조금이라도 목숨을 부지할 가능성이 생기기 때문이었다.

전쟁이 시작된 지 채 몇 달 안 되는 1914년 가을, 철조망과 참호, 그리고 기관총의 3종 세트로 방어된 전선을 돌파하려면 뭔가 새로운 수단이 필요하다는 인식이 생겨났다. 그런 생각을 한 건 육군이 아니었다. 전혀 무관한 듯 보이는 해군이 그런 생각을 해냈다. 이 책은 혁신에 대한 책은 아니지만, 다음과 같은 사실을 지적하지 않을 수 없다. 즉, 진짜 혁신은 절대로 내부에서 생겨나지 않고 반드시 외부인, 아마추어, 비전문가에 의해 생겨난다는 점이다. 그러고 보면, 개틀링이 의사였다는 사실이 별로 놀랍지가 않다.

철조망과 참호를 문제 없이 건널 수 있고, 또한 총탄을 튕겨낼 수 있을 정도의 장갑을 갖춘 육상의 장갑전투함, 이른바 육상함이라는 개념을 주창하고 지지한 핵심적인 인물은 당시 영국의 해군장관이 었던 윈스턴 처칠^{Winston Churchill}이다. '혹시……?' 하는 생각을 했을 독자들도 있을 텐데, 나중에 제2차 세계대전 때 영국의 수상이 된 바로 그 처칠이다. 울퉁불퉁한 지형을 돌파하기 위해 트랙터의 캐 터필러^{caterpillar}, 즉 무한궤도를 장착하고, 포와 기관총으로 무장한 영 국의 전차 마크^{Mark} 시리즈는 1916년 9월 드디어 솜 전투^{Battle of the Somme}에 모습을 드러냈다.

간발의 차이로 늦었지만 프랑스 또한 독자적으로 여러 종의 전차 를 개발했다. 그중 특히 군인들로부터 좋은 평을 받은 르노^{Renault} FT 는 종전까지 3,000대 넘게 생산되어 전투에 투입됐다. 르노 FT는 특히 360도 회전이 가능한 포탑을 최초로 장착하여 현대 전차의 원 형이라고도 불린다. FT를 설계한 사람은 짐작했겠지만 프랑스 자동 차회사인 르노 사를 만든 루이 르노^{Louis Renault}다. 이외에도 영국과 프 랑스의 상대국이었던 독일도 1918년에 A7V라는 다소 괴상하게 생 긴 자국 모델을 개발해 수십 대 만들었다. 하지만 얼마 안 있어 전쟁 이 끝나버려 전투에서 거의 쓰지는 못했다.

1918년 제1차 세계대전은 끝이 났지만, 주요 열강들은 새롭게 등 장한 전차에 대한 관심의 끈을 놓지 않았다. 그리하여 1930년대 당 시 제1차 세계대전 중에 이미 전차를 개발했던 영국, 프랑스, 독일 외에도 미국, 소련, 이탈리아, 일본, 체코 등이 자국산 전차를 개발, 보유하고 있었다. 그중에 어찌 보면 제일 이색적인 존재가 체코다.

제1차 세계대전 당시 철조망과 참호, 그리고 기관총의 3종 세트로 방어된 전선을 돌파하려면 뭔가 새로운 수단이 필요했다. 그런 생각을 한 것은 육군이 아니라, 전혀 무관한 듯 보이는 해군이었다. 철조망과 참호를 문제 없이 건널 수 있고, 또한 총탄을 튕겨낼 수 있을 정도의 장갑을 갖춘 육상의 장갑전투함, 이른바 육상함이라는 개념을 주창하고 지지한 핵심적인 인물은 당시 영국의 해군장관이었던 윈스턴 처칠이었다.

Winston Churchill

Mark I

울퉁불퉁한 지형을 돌파하기 위해 트랙터의 무한궤도를 장착하고, 포와 기관총으로 무장한 영국의 전차 마크 I 이 1916년 9월 솜 전투에 모습을 드러냈다. 사진은 마크 I 수컷형 전차.

Renault FT-17

영국에 이어 프랑스 또한 독자적으로 여러 종의
전차를 개발했다. 그중 특히 군인들로부터 좋은
평을 받은 르노 FT는 종전까지 3,000대 넘게 생
산되어 전투에 투입됐다. 르노 FT는 특히 360도
회전이 가능한 포탑을 최초로 장착하여 현대 전
차의 원형이라고도 불린다. 사진은 제1차 세계
대전이 끝날 무렵 프랑스 FT-17 전차를 장비한
미군 전차군단의 모습.

A7V

영국과 프랑스의 상대국이었던 독일도 1918년에
A7V라는 다소 괴상하게 생긴 자국 모델을 개발해
수십 대 만들었다. 하지만 얼마 안 있어 전쟁이 끝
나버려 전투에서 거의 쓰지는 못했다.

체코는 원래 기술 수준이 높고 공업이 발달한 곳으로, 제1차 세계대전 때는 오스트리아-헝가리 제국의 일부였지만 종전과 함께 독립했다. 현재까지도 자동차를 생산하고 있는 스코다SKODA 등에서 꽤 신뢰도 높은 2종의 전차를 개발했는데, 1938년부터 1939년까지 히틀러Adolf Hitler의 독일에 강제 병합되면서 이 전차들은 제2차 세계대전 때 독일군 장비로 활용되는 비운을 맞이했다.

그렇지만 전차가 무엇을 위해 존재하는가에 대해서 각국은 아직 안개 속을 헤매고 있었다. 외관상 특징에 대해서는 무한궤도를 장착하여 도로가 아닌 야지도 횡단이 가능하고, 두꺼운 강철 장갑으로 인해 총탄을 튕겨낼 수 있는 차량 정도로 의견의 일치가 이루어졌다. 하지만 전차의 사용법에 대한 생각은 나라마다 제각각이었다.

그러다 보니 지금 기준으로 보면 별 이상해 보이는 전차들이 버젓이 돌아다녔다. 가령, 프랑스의 샤르Char B1이나 미국의 M3 리Lee 같은 전차는 포탑에 달린 포 외에 전차 몸체에 대구경의 포 1문을 별도로 장착했다. 소련은 여기에 한 술 더 떠 포탑이 여러 개인 괴상한 전차도 많이 만들어냈다. 가령, 소련의 T-28에는 포탑이 3개, T-35에는 포탑이 무려 5개나 있었다. 그래도 이런 시행착오를 두려워하지 않는 왕성한 실험정신 덕분에 소련은 나중에 세계적 수준의 전차 생산국으로 자리매김하게 되었다.

전차 사용법에 대한 한 가지 사상은 전차란 단지 참호전을 타개하는 하나의 도구에 불과하다는 쪽이었다. 제1차 세계대전에서의 경험을 중시하는 이들은 이와 같은 어찌 보면 협소한 생각을 지지했다. 이러한 사상을 갖고 있을 경우, 전차란 기관총탄을 막아낼 정도의 장갑과 철조망을 무너뜨릴 정도의 그다지 무겁지 않은 무게만 갖추면 족했다. 즉, 전차의 적은 적군의 철조망 참호 진지였다. 이렇게 되면 빠른 속도나 민첩한 기동력을 전차에게 요구할 필요도 없고, 또 긴 항속거리를 가질 필요도 없었다. 다시 말해, 제1차 세계대전 때 사용된 전차인 마크 정도면 충분하다는 생각이었다.

바로 위의 사상과 가까운 친척뻘이라 할 수 있는 사상으로, 전차란 보병의 지원을 위해 존재한다는 관념이 있었다. 이런 관념을 굳이 참호전에 한정 지을 필요 없이 보병이 가는 곳이면 어디든 따라다니면서 앞장서서 궂은일을 도맡아 처리해주는 존재가 전차라는 개념이다. 그러려면, 총탄뿐 아니라 상대방의 포격도 웬만하면 이겨낼 수 있도록 좀 더 두꺼운 장갑이 필요했다. 그런데 장갑의 두께를 키우다 보면 필연적으로 전차의 무게는 증가할 수밖에 없다. 당시의 전차 엔진 성능은 거기서 거기기 때문에 이는 곧 속도와 기동력의 저하를 가져왔다. 하지만 보병과 같이 이동할 것을 요구받았기 때문에 거북이 같은 최고속도가 큰 문제는 아니라고 여겼다.

보병 이외의 모든 병과들을 보병의 종속적인 존재로 보는 인식은, 특히 영국 육군에서 뿌리 깊었다. 이를 테면, '적 고지에 깃발 꽂는 건 보병'이고, 포병이나 전차, 심지어 항공기까지 이러한 보병의 작전을 지원하는 조역에 불과하다고 믿었다. 그래서 영국은 이른바 보병전차라는 개념을 전차 개발의 한 축으로 삼았다. 제2차 세계대전 중에 사용된 영국의 보병전차에는 마틸다Matilda, 발렌타인Valentine, 처칠Churchill 등이 있다. 앞에서 잠깐 언급한 프랑스의 샤르 B1도 유사한 개념으로 개발된 전차였다. 보병을 지원하는 게 존재의 이유다 보니 편제도 개별 보병사단에 소규모로 분산시켜 편입시키는 식이었다. 영국의 것이라면 열심히 따라 하기 바빴던 일본 또한 비슷한 범주에 속했다.

사실, 영국은 전차에 대한 다른 활용 방안도 인식하고 있었다. 총류의 발전과 더불어 쇠퇴일로던 기병의 정신을 계승한 후계자가 될 수도 있다고 생각한 거였다. 그러니까 방어력은 다소 약하더라도 상대적으로 빠른 속도와 기동력을 바탕으로 적의 보병에게 충격을 가할 수 있는 순항전차라는 개념을 구상해냈다. 그 결과 크루세이더 Crusader, 크롬웰Cromwell, 코메트Comet 등이 개발됐다. 영국의 순항전차들은 틀림없이 자국의 보병전차들보다는 빠른 속도를 가졌지만, 전장에서 그렇게 평이 좋지는 못했다.

또 다른 사상으로, 전차는 일종의 자주화된 이동 포대에 불과하다는 개념도 있었다. 보병의 배경을 갖고 있지 않고 포병의 경험과 지식을 갖고 있는 사람들에게 이런 생각은 당연한 논리적 귀결이었다. 가령, 후세 사람들로부터 보통 '기갑전의 아버지'라는 칭호로 불리는 영국 군인 존 풀러John Fuller는 나폴레옹을 우상시하는 포병 지상주의자로서 그의 전차 사상은 자주포대의 교리에 더 가깝다. 그는 꽤나 과격한 인물이었는데, 전차에 대한 자신의 급진적인 생각이 영국군 내에서 받아들여지지 않자 전역 후 영국 내 파시스트로 변신했다. 심지어 그는 1939년 4월 20일 히틀러의 50회 생일을 기념하는 독일군 열병식에 귀빈으로 참석하기도 했다.

여러 전차 보유국 중 전차에 대한 가장 혁신적인 사상을 구체적으로 실현한 나라는 아이러니하게도 제1차 세계대전의 패전국 독일이었다. 종전 후 맺은 베르사유 조약Treaty of Versailles에 의해 독일은 모든 종류의 전차 개발과 보유가 금지되었다. 하지만 프로이센 시절부터 명성이 높았던 독일 국방군 참모본부는 제1차 세계대전의 교훈을 살려 '전격전blitzkrieg'이라는 새로운 개념의 기동전을 구상했고, 갖고 있지 못한 전차를 대신하여 자전거로 훈련을 하면서 준비를 다졌다. 그러다 1933년 1월 히틀러의 집권과 동시에 새로운 전차 개발에 돌입, 1939년 9월 제2차 세계대전 개전 시까지 4종류의 전차를 장비했다.

사실, 독일 그러면 전차에 관한 한 세계 최고라는 인식이 적지 않다. 그렇지만 솔직히 얘기해서 제2차 세계대전 초기만 해도 앞에서 언급한 4종의 독일 전차가 다른 나라 전차들에 비해 더 우수한 건 절대로 아니었다. 주 무장이 기관총에 불과했던 1호 전차와 2호 전차는 훈련에나 적합한 물건이었고, 보다 본격적인 전차인 3호와 4호도 그렇게 인상적인 성능을 가지진 못했다. 어떻게 보면 '이런 정도의 전차들을 갖고 어떻게 대전 초반에 그렇게 인상적인 승리를 거둘 수 있었을까?' 하는 생각이 들 정도다.

독일이 남달랐던 점은 바로 전차의 성능 자체가 아니라 전차를 운용하는 방식이었다. 보병에 부속된 존재로 보거나 바퀴 달린 포병으로 본 게 아니고 전차를 주력으로 하여 편성된 독립된 기갑군을 통해 속전속결을 거두는 일종의 전략적 수단이라는 생각을 한 거였다. 그러기 위해서는 전차를 찔끔찔끔 나누지 말고 집중하여 운용할 필요가 있었다. 그리하여 신설된 기갑사단에만 전차를 배치하고, 또 이렇게 편성된 기갑사단으로 구성되는 기갑군단, 기갑군을 구성하

Panzer I

Panzer II

Panzer III

Panzer IV

려 했다. 특히, 이를 구체적으로 실현했다는 점이 당시로서는 꽤나 혁명적이었다.

기동전을 펼친다고 하니 앞에서 언급한 영국의 순항전차 개념과 별로 다를 게 없다는 생각을 할지도 모르겠다. 하지만 둘 사이에는 심연과도 같은 차이가 존재했다. 간단히 말하자면, 순항전차는 기껏해야 대대급의 전술적 공세를 염두에 둔 반면, 독일의 전격전에서 전차는 강력히 저항하는 적의 방어진지를 상대하느라 시간을 낭비하기보다는 우회하여 적 후방 깊숙이 침투해 들어가고 고정된 적 진지는 후속하는 보병이 처리한다. 생각지 못한 속도로 침투해 들어가는 기갑군의 속도를 통해 적의 전후방 모두를 깊은 혼란에 빠뜨릴 수 있다고 생각했고, 또 실제로 1940년 프랑스 전선에서 그 효과를 입증했다.

그런데 그런 독일조차도 전차 대 전차의 전투를 상상하지는 못했다.

BATTLE OF FRANCE

●●● 독일은 제1차 세계대전의 교훈을 살려 '전격전'이라는 새로운 개념의 기동전을 구상했다. 독일의 전격전에서 전차는 강력히 저항하는 적의 방어진지를 상대하느라 시간을 낭비하기보다는 우회하여 적 후방 깊숙이 침투해 들어가고 고정된 적 진지는 후속하는 보병이 처리한다. 생각지 못한 속도로 침투해 들어가는 기갑군의 속도를 통해 적의 전후방 모두를 깊은 혼란에 빠뜨릴 수 있다고 생각했고, 또 실제로 1940년 프랑스 전선에서 그 효과를 입증했다. 위 사진은 프랑스의 한 마을을 지나는 4호 전차의 모습이고, 아래 사진은 1940년 6월 14일 파리에 입성하는 독일군의 모습이다.

앞서 말한 바와 같이 독일이 생각한 전차란 도로가 없다는 사실에 구애받지 않고 빠른 속도로 야지를 횡단하여 적의 전선을 뚫고 들어가는 병과였다. 그렇게 후방이 뚫리고 나면 진지를 고수하던 적군은 심리적으로 동요되어 배후가 끊기기 전에 후퇴하려고 든다. 저절로 적의 진지 방어선이 붕괴되는 것이다.

그런 탓에, 독일을 포함해서 제2차 세계대전 초기 전차들의 대전차 전투 능력은 사실 한심하기 짝이 없었다. 기관총이 주 무장인 경전차들은 말할 것도 없고, 대부분의 전차들이 구경이 50밀리미터가 넘지 않는 포를 주 무장으로 갖고 있었다. 포나 총에서 구경이란 총탄 혹은 포탄의 단면의 직경을 말한다. 문제는 이 정도 구경의 포로는 웬만큼 먼 거리에서 상대 전차를 파괴할 방법이 없었다는 점이다. 아주 가까이 근접하거나 아니면 장갑이 상대적으로 얇은 상대방 전차의 후면을 공격할 수 있다면 모르겠지만, 보통의 원거리 전투 상황에서는 아예 맞히지 못하거나 맞히더라도 포탄이 튕겨나가는 웃지 못할 상황이 연출되곤 했다.

제원상으로 보면 이보다 대구경의 포를 장비한 전차들도 없지는 않았다. 앞에서 언급한 다소 변태스러운 프랑스의 샤르 B1이나 미국의 M3 리가 차체 전면에 장착한 포는 구경이 75밀리미터였고, 독일의 4호 전차도 75밀리미터 포를 포탑에 장비했다. 전차에 관한 한 명함 내밀기 민망한 일본도 57밀리미터 구경의 포를 장착한 89식 전차 이고와 97식 전차 치하를 보유했다.

하지만 이들은 예외 없이 구경장이 작은 단포신의 유탄포였다. 구경장이란 포신의 길이를 포 단면의 직경으로 나눈 값으로, 이게 작을수록 발사 압력이 낮아져 포탄의 포구발사속도가 느려진다. 포탄의 관통력은 운동에너지와 운동량의 문제이기도 하기 때문에 단포신 포의 장갑 관통력은 매우 낮으며, 실제로 이들은 50밀리미터급의 대전차포보다도 못한 관통력을 가졌다. 이런 저低구경장의 포를 장비한 것만 봐도 전차에 대한 생각이 어떠했는지 짐작해볼 수 있다. 적군의 전차를 상대로 싸운다고 생각한 게 아니라, 적 보병, 적 기관총, 적 차량, 적 진지를 상대로 포격하는 게 전차의 임무라고 생각했던 것이다.

전차 대 전차 전투가 벌어지면 어떤 일이 벌어질지에 대한 교훈이 사실 없지는 않았다. 좋은 예가 러시아에서는 할힌골 전투Battles of Khalkhin Gol, 일본에서는 노몬한 사건이라고 부르는 할하 강 전투다. 할하 강 전투는 제2차 세계대전 직전인 1939년 5월부터 9월까지 몽골과 만주국 국경 근방에서 소련군과 일본군이 수개 사단 규모로 벌인 전투로, 여기서 바로 그러한 전차전이 벌어졌던 것이다. 1904년부터 1905년까지 러일전쟁에서 두 나라는 전면전을 벌인 적이 있었는데, 이때 모두의 예상을 뒤엎고 일본이 완승을 거두면서 동아시아의 떠오르는 신흥 강국으로 자리매김한 바가 있었다. 그 탓에 일본 관동군은 '소련쯤이야' 하는 깔보는 마음도 없지 않았다.

하지만 총 2차례에 걸쳐 벌어진 전차 대 전차 전투에서 87대로 구성된 일본의 2개 전차연대는 소련군 전차의 상대가 전혀 되지 못했다. 물론 숫자상으로 전체 전역에 498대를 동원한 소련에 비해 총 135대에 그친 관동군의 전차 전력이 열세임은 틀림없는 사실이었다. 하지만 문제는 동등한 숫자끼리 싸워도 일방적으로 몰살을 당한다는 점이었다. 일본군이 보유한 89식 이고, 95식 하고, 97식 치하의 주포로는 소련군이 동원한 BT-5, BT-7, T-26을 어떻게 해볼 도리가 없었다. 공식적인 기록으로도 할하 강 전투에서 일본군 전차가 파괴한 소련군 전차의 수는 0이다. 그리하여 일본군은 전투 개시 후 10일 만에 전체 전력의 40%를 잃은 전차연대들을 후방으로 빼돌려 인형처럼 모셔놓을 수밖에 없었다.

그러면 적군의 전차는 누가 막는다고 생각했을까? 거의 모든 나라들의 생각은 별개의 대전차포 부대나 야전포대의 포격으로 멈추게 할 수 있다고 생각했다. 이외에도 항공기에 의한 공격과 일반 기관총보다 관통력을 키운 대전차 기관총이 동원됐다. 전차 전술에서 가장 앞섰다는 독일조차도 이런 생각을 갖고 있었다. 프랑스를 점령한 1940년의 서부전선에서도 막상 독일 전차들은 프랑스나 영국의 전차를 직접 파괴할 재간이 없어서 대구경의 고속탄 발사가 가능한 대공포대의 직접 사격으로 겨우 멈추게 하곤 했었다.

전반적으로 장비가 신통치 않았던 일본 육군은 여기서 한 걸음 더 나아갔다. 할하 강 전투가 끝난 후 소련군의 전차 손실은 300대에 달했다. 앞에서도 얘기했지만, 일본군 전차에 의해 파괴된 전차는 없었다. 그럼 무엇이 이러한 피해를 가져왔을까? 바로 1,200여 개의 화염병과 보병의 착검 만세 돌격이 그 해법이었다. 물론, 그러한 전투를 수행한 보병 연대는 그 대가로 한 명도 남김 없이 전멸당했다. 부족한 화력과 물자를 오직 병사들의 정신력으로만 극복하려는 일본군의 무모함은 이후 정도가 계속 심해져갔다.

서양에서는 화염병을 보통 '몰로토프 칵테일Molotov Cocktail'이라는 이름으로 부르는데, 몰로토프는 제2차 세계대전 당시 소련 외무상의 성이다. 1939년 겨울 소련과 핀란드가 벌인 이른바 겨울전쟁에서 소련이 폭탄을 투하해놓고는 서방세계에 "구호 식량을 투하했다"고 주장하자, 유머에 강한 핀란드인들이 "그러면 술병이나 받아라!"하며 휘발유가 가득 든 불붙은 술병을 소련군 전차에 던진 것에서 유래되었다. 이때 소련군의 주력전차였던 BT 시리즈나 T-26은 휘발유를 연료로 쓰는 가솔린 엔진을 장착한 탓에 화염병에 맞으면 불이 나버리는 약점이 있었다. 할하 강 전투와 겨울전쟁에서 적지 않은 피해를 본 소련은 이를 교훈 삼아 자국 전차의 엔진을 디젤 엔진으로 모조리 바꿔버렸다.

영국 본토 항공전의 패배 이후 눈을 동부전선으로 돌린 히틀러는 결국 1941년 6월 22일 소련으로 침공해 들어갔다. 사실, 두 나라는 서로 개와 고양이처럼 으르렁거리는 사이로, 히틀러는 공산주의를 혐오해 마지 않았고 소련 또한 나치즘에 대한 적개심을 가지고 있었다. 그랬던 두 나라가 1939년 8월 23일 독소불가침조약을 체결하자 서방세계는 경악을 금치 못했다. 그런 후 9일 뒤인 9월 1일 새벽 독일이 폴란드를 침공함으로써 제2차 세계대전의 막이 올랐던 것이다. 소련 또한 얼마 안 있어 서쪽에서 침공하여 미리 약속한 대로 폴란드 영토를 독일과 사이 좋게 나눠 가졌다. 그랬던 독소불가침조약이 2년도 안 돼 깨지고 말았던 것이다.

14개 전차사단을 주축으로 구성된 독일 기갑군은 동부전역 전격전의 핵심 주역으로서 1941년과 1942년 놀라운 전과를 거뒀다. 가령, 1941년 말까지 소련은 무려 2만 500대의 전차를 잃었는데, 양군 전차부대의 손실교환비는 독일 1대당 소련 7대로 압도적인 차이였다. 여기서의 소련군 전차 손실에는 강력하다는 2,300대의 T-34와 900여 대의 KV 시리즈도 포함되어 있었다.

사실, 전차전은 기본적으로 원거리 사격전일 수 밖에 없고, 소련의 광활한 평원에서 벌어진 독소전은 더더욱 그랬다. 그런데 이러한 본격적인 전차전에서 독일은 소련의 전차가 프랑스나 영국제보다 훨씬 더 강력하다는 사실을 깨닫게 되었다. 특히, 1939년부터 배치되기 시작한 중重전차 KV-1과 KV-2는 어떠한 독일 전차의 포 사격으로도 파괴가 불가능했고, 오직 88밀리미터 구경의 대공포로만 멈추게 할 수 있었다. 또한 1941년부터 생산되기 시작한 T-34는 독일의 주력 전차인 3호나 4호보다 여러모로 나은 성능을 보였다. 독일은 이에 큰 충격을 받았다.

그래서 독일은 열심히 기존 전차의 개량과 신형 전차 개발에 나섰다. 그동안 히틀러는 다시 한 번 대대적인 공세 작전을 구상했다. 동부전선에서 독일 쪽으로 주머니처럼 튀어 나와 있던 쿠르스크Kursk 지역에 대해 남과 북에서 양동 공격을 가해 그 안에 든 소련군을 일거에 섬멸하는 작전으로, 독일군 공식 작전명은 치타델Zitadell, 즉 성채였지만 보통은 쿠르스크 전투Battle of Kursk라고 부른다. 여기에는 독일이 심혈을 기울여 개발한 2종의 신형 전차인 6호와 5호가 투입될 예정이었다. 이 두 전차는 예명으로 더 많이 알려졌는데, 6호는 티거Tiger, 5호는 판터Panther였다.

소련은 그러한 독일의 작전을 모르지 않았다. 그리하여 아예 이번 기회에 정예 전차부대를 대량으로 투입하여 독일의 공세에 정면으로 맞불을 놓기로 결정했다. 그 결과, 1943년 쿠르스크에서 전대미문의 대규모 전차전이 벌어질 운명이 정해졌다. 현재까지도 쿠르스크 전투는 역사상 최대의 전차전으로 남아 있다. 과연 이 전차전의 승자는 누가 되었을까?

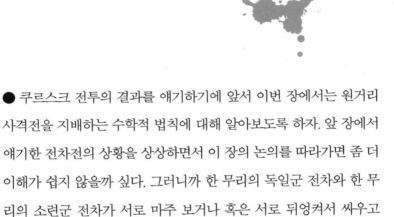

CHAPTER 9
원거리 사격전에 대한 수학적 이론

● 쿠르스크 전투의 결과를 얘기하기에 앞서 이번 장에서는 원거리 사격전을 지배하는 수학적 법칙에 대해 알아보도록 하자. 앞 장에서 얘기한 전차전의 상황을 상상하면서 이 장의 논의를 따라가면 좀 더 이해가 쉽지 않을까 싶다. 그러니까 한 무리의 독일군 전차와 한 무리의 소련군 전차가 서로 마주 보거나 혹은 서로 뒤엉켜서 싸우고 있는 상황을 가정하는 거다. 그리고 일관성 있는 표기법을 위하여 앞에서처럼 백군과 흑군이 서로 전투를 벌인다고 생각하자.

내가 백군이라고 할 때, 내가 입게 되는 손실을 수식으로 표현하면 어떻게 될까? 앞의 근접육탄전에 대한 기억을 되살려보자. 나의 단위시간당 손실은 상대방의 전투력 상수와 같다고 가정했다. 즉, 나의 병력 수와 상대방 병력 수와는 무관하다는 거다. 그렇기에 테르모필라이와 같은 좁은 협곡에서 싸우면 페르시아군의 많은 병력이 별다른 효과를 발휘하지 못했던 것이다.

그렇다면, 제기되는 첫 번째 질문은 동일한 원리가 원거리 사격전에서도 성립되느냐다. 그런데 조금만 생각해보면 그러한 가정은 아무래도 실제와 잘 맞지 않는다는 걸 깨닫게 된다. 왜냐하면, 적군의 병력이 늘어나는 만큼 아군이 입게 될 손실의 양도 늘어날 가능성이 크기 때문이다. 이유는 단순하다. 칼과 창과 같은 무기라면 아군을 상대할 수 없는 뒷줄에 있는 적군 병사는 아군에게 아무런 피해를 줄 수 없다. 하지만 소총병이나 전차와 같이 먼 거리에서도 공격할 수 있다면 얘기가 다르다. 전투에 참가한 모든 적군이 아군 전체를 상대로 동시 공격을 가하는 게 가능하다. 따라서 적군의 병력이 많을수록 분명히 아군 손실이 어떤 식으로든 더 커질 거라는 생각을 해볼 수 있다.

이러한 생각을 가장 간단한 수식으로 표현하면 다음의 식을 얻을 수 있다.

$$dW = -\beta B dt \qquad (9.1)$$
$$dB = -\omega W dt \qquad (9.2)$$

식 (9.1)을 해설하면 이렇다. 백군의 단위시간당 손실은 흑군의 병력 수에다가 개별 흑군의 전투력 상수를 곱한 결과와 같다는 얘기다. 이렇게 되면 흑군의 병력 수가 많을수록 이에 정비례해서 백군이 입게 될 단위시간당의 손실도 커진다. 또한 또 하나의 중요한 변수는 개별 흑군 병사의 전투력 상수, 베타(β)다. 이게 클수록 아군이 입게 될 손실 또한 정비례해서 커진다. 식 (9.2)는 흑군 입장에서 쓴 식이다. 즉, 흑군의 단위시간당 손실은 백군의 병력 수 곱하기 개별 백군의 전투력 상수, 오메가(ω)와 같다.

전투력 상수 베타와 오메가에 대해서 좀 더 부연 설명해보도록 하자. 앞의 4장, 즉 근접육탄전에서의 전투력 상수는 단위시간당 입힐 수 있는 손실로 정의됐다. 그런데 원거리 사격전에서의 전투력 상수는 이와 조금 다르다. 단위시간당뿐만 아니라 '단위요소당' 상대방에게 끼칠 수 있는 손실의 크기다. 소총병들 간의 전투라면 단위요소는 소총병 1명이 되고, 전차전이라면 전차 1대가 단위요소다. 이를 좀 더 구체적으로 쓰면, '1분(단위시간)간 흑군의 전차 1대(단위요소)가 격파하는 백군의 전차 수량'이 식 (9.1)의 베타의 한 예가 될 수 있다.

그러니까 근접육탄전에서 사용하는 전투력 상수와 원거리 사격전에서 사용하는 전투력 상수는 전적으로 같지는 않다. 엄밀하게 식을 나타낸다면 구별되는 별개의 기호를 사용하는 것이 바람직하다. 하지만 편의상 그냥 베타와 오메가라는 동일한 기호로 나타냈다. 아무튼 둘의 물리적 단위가 다르다는 사실을 분명히 인식하도록 하자.

자, 사실 여기까지는 문제를 푼 게 아니라 문제를 정의한 수준에 불과하다. 미분방정식을 풀었다고 얘기하려면 여기서 멈춰서는 안 되고 해를 직접 구해야 한다. 여기서 얘기하는 해란 백군의 병력 $W(t)$와 흑군의 병력 $B(t)$를 시간의 함수로 표현된 걸 말한다.

앞에서와 마찬가지로 푸는 과정을 여기서 설명할 수는 없다. 하지만 푼 결과를 얘기하는 거야 얼마든지 가능한 일이다. 그 결과는 다음과 같다.

$$W(t) = W(0)\cosh\sqrt{\beta\omega}t - \sqrt{\tfrac{\beta}{\omega}}B(0)\sinh\sqrt{\beta\omega}t \qquad (9.3)$$

$$B(t) = B(0)\cosh\sqrt{\beta\omega}t - \sqrt{\tfrac{\omega}{\beta}}W(0)\sinh\sqrt{\beta\omega}t \qquad (9.4)$$

근접육탄전에 대해 얻었던 식보다 훨씬 복잡하긴 하다. 하지만 그래프로 나타내보면 어떤 결과가 나온 건지 큰 어려움 없이 이해할 수 있다. 앞의 4장에서 다뤘던 예제를 갖고 실제로 차이가 있는지, 그리고 차이가 있다면 어떤 차이가 있는지 알아보도록 하자.

우선 앞에서처럼 백군의 전차는 100대, 흑군의 전차는 150대라고 가정하자. 그리고 근접육탄전에서 백군과 흑군의 전투력 상수로 각각 4와 3을 가정했던 것과 유사하게, 백군 전차와 흑군 전차의 전투력 상수는 0.04와 0.03이라고 가정하자. 아까에 비해 100배의 차이가 나는 게 아닌가 생각할지도 모르지만, 앞의 2장에서 언급했듯이 중요한 건 전투를 벌이는 두 부대 간의 상대적인 비율이므로 둘은 동등한 조건이다.

위의 조건에 대해 식 (9.3)과 식 (9.4)를 그린 결과가 〈그림 9.1〉이다. 여기서 첫 번째로 눈에 띄는 것은 이번 원거리 사격전에서 흑군은 자군 병력의 30%를 조금 넘는 정도의 손실만 입고 백군을 전멸시켰다는 점이다. 이를 근접육탄전에 대한 결과였던 〈그림 4.1〉과

---

* cosh x는 0.5(exp(x) + exp(-x))와 같으며, sinh x는 0.5(exp(x) - exp(-x))와 같다. 읽기로는 하이퍼코사인, 하이퍼사인이라고 읽으며, exp(x)는 무리수 e를 밑으로 하는 지수 함수다. e는 약 2.7183이다.

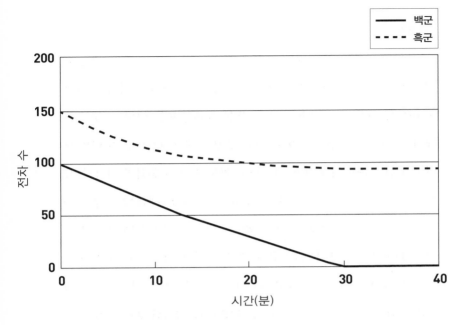

〈그림 9.1〉 백군과 흑군 전차 수의 변화

비교해보면 차이가 분명히 보인다. 아까도 흑군이 이기긴 이겼지만 90%에 가까운 병력 손실을 입고서야 백군을 전멸시켰다. 분명히 두 부대의 전투력 상수의 비율이 두 경우에 동등하고 초기 병력도 동일하지만, 결과가 확연히 다르다.

이번에는 백군의 전투력 상수를 0.04에서 0.05로 올려보자. 이와 같은 조건으로 근접육탄전을 벌였을 경우, 〈그림 4.2〉에 나오듯이 이번에는 백군이 근소한 차이로 흑군에 승리를 거뒀다. 하지만 〈그림 9.2〉를 보면 방금 전보다는 백군이 좀 더 분전했지만 흑군한테 진다는 결과는 달라지지 않았다. 다만, 흑군에게 20%에 가까운 추가적인 손실을 강요했다는 점이 유일한 차이라면 차이다.

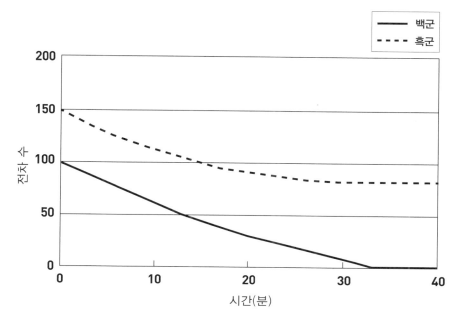

그러니까 원거리 사격전을 벌이는 경우 근접육탄전보다 더 최초 병력비가 문제가 된다는 결론을 내릴 수 있다. 근접육탄전에서는 병력이 2/3에 불과해도 전투력이 5/3배가 되면 승리를 거뒀다. 하지만 원거리 사격전에서는 그 정도의 전투력 갖고는 부족한 병력비를 메꿀 방법이 없다. 다음 〈그림 9.3〉에 나타냈듯이, 전투력 비율이 2.5배 정도 되고 나서야 백군이 승리를 거둘 수 있다. 한마디로 말해서, 원거리 사격전은 근접육탄전보다 병력 수의 중요성이 훨씬 더 크다는 얘기다.

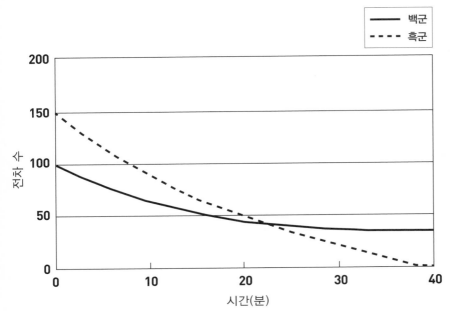

<그림 9.3> 백군 전차의 전투력이 흑군 전차 전투력의 2.5배인 경우

위와 같은 결론을 좀 더 정리된 식을 통해 확인할 수도 있다. 식
(9.3)과 식 (9.4)를 잘 결합하여 정리하면 다음과 같은 식을 얻는다.

$$\omega\left(W(t)^2 - W(0)^2\right) = \beta\left(B(t)^2 - B(0)^2\right) \qquad (9.5)$$

식 (9.5)를 식 (4.5)와 비교해보면 한 가지 차이가 눈에 들어온다. 즉,
괄호 안의 항들이 각각 제곱으로 표현돼 있다는 점이다. 식 (9.5)는 여
러 가지 다양한 방식으로 이해가 가능한 수식으로, 원거리 사격전의
양상이 깨끗하게 하나의 식으로 정리된 결과라고 봐도 무방하다.

그중 가장 대표적인 것으로, 전투의 궁극적 승자를 예측하는 데

이 식을 사용할 수 있다. 방법은 이렇다. 각 군의 초기 병력 수를 제곱한 후 자신의 전투력 상수를 곱한 값을 서로 비교해서 큰 쪽이 결국 이긴다. 〈그림 9.1〉의 경우를 예로 들자면, 백군은 0.04 곱하기 100의 제곱이라 400이 나오고, 흑군은 0.03 곱하기 150의 제곱 하면 675가 나와서 흑군의 승리를 예상할 수 있다. 한편, 백군의 전투력이 〈그림 9.3〉의 예처럼 0.075로 올라가면 이번에는 750이 계산되어 백군의 승리를 정확히 예견할 수 있게 된다.

그렇기 때문에, 이제 병력이 적군의 1/2에 불과하다면 최소 비기기 위한 전투력은 단지 2배가 아니라 4배 더 커야 하며, 병력이 적군의 1/3이라면 전투력이 그 역수의 제곱인 9배 이상이 되어야 한다. 얼핏 생각하면 이러한 전투력 차이를 갖는 게 비현실적인 일이 아닌가 생각할 수도 있다. 하지만 전혀 불가능한 일은 아니다. 가령, 같은 원거리 사격무기라고 하더라도 한쪽은 전장식 머스킷인 반면, 다른 한쪽은 개틀링이나 맥심 같은 기관총이라고 한다면 극심한 병력비를 얼마든지 극복한 사례가 적지 않기 때문이다.

위와 같은 내용, 특히 식 (9.5)를 '란체스터의 제곱 법칙'이라고도 부른다. 근접육탄전에서 총전투력이 병력과 비례관계여서 선형 법칙이라고 불렀듯이, 원거리 사격전에서 총전투력이 병력의 제곱에 비례한다 하여 제곱 법칙이라고 부르는 것이다. 또한 앞의 4장에서 언급했던 오시포프 등의 얘기는 여기서도 그대로 성립된다.

사실, 란체스터가 원래 제곱 법칙을 유도할 때 염두에 두었던 것은 소총병이나 전차가 아니고 전투기들 간의 공중전이었다. 제1차 세계대전 극초반만 해도 항공기는 단순히 정찰 수단에 불과했고, 심지어는 적국 조종사들 간에 하늘에서 마주치면 서로 손을 흔들어주기도 했다.

그러다 1914년 8월 중순 세르비아와 오스트리아-헝가리 조종사 간에 역사적인 세계 최초의 공중전이 벌어지게 되었다. 이때 사용된 무기는 권총이었다. 그 후 얼마 지나지 않아 양쪽 진영의 모든 항공기들은 기관총을 장비하게 되었다. 공중전 또한 원거리 사격전의 전형적인 경우로서 이 장에서 했던 모든 내용들이 그대로 적용된다.

약간 여담이지만, 공중전에서의 손실교환비의 한 가지 사례를 얘기해보자. 보통, 이스라엘 공군 하면 중동전에서 아랍측 공군을 거의 일방적으로 압도해왔다고 알려져 있고, 또 사실 그렇기도 하다. 하지만 반대로 이스라엘 측이 더 큰 피해를 입은 적도 있었다.

1973년 4차 중동전 때의 일로, 이스라엘 공군은 수에즈 운하 근방에 있는 이집트의 포트 사이드Port Said를 공습하러 나섰다. 이스라엘 공군의 주력은 미국제 F-4 팬텀이었고, 이에 맞서는 이집트 공군은 소련제 미그 21이었다. 월남전 때의 경험으로 보더라도 팬텀은 미그 21과의 일대일 대결에서 앞서는 성능을 보여주었기에 이번 공중전에서 이스라엘의 압승은 당연해 보였다.

전쟁 발발 10일째인 10월 15일, 이스라엘 공군 역사상 최대의 단일 공중전이 포트 사이드 상공에서 벌어졌다. 20기의 팬텀으로 구성된 제1파가 지중해 방면에서 내습하자 이집트는 16기의 미그 21을 출격시켰고, 곧이어 60기로 구성된 이스라엘의 제2파가 들이닥치자 이집트는 다시 24기의 미그 21을 출격시켰다.

이걸로 끝난 게 아니었다. 16기로 구성된 이스라엘의 제3파에 대해 이집트 또한 16기의 미그 21 추가 출격으로 대응했다. 마지막으로, 지역 내 비행장들을 폭격하러 오던 60기의 이스라엘 전폭기들을 상대로 24기의 잔여 이집트기들이 요격하러 총출동했다. 그러자 제4파의 이스라엘 전폭기들은 폭격을 포기하고 폭탄을 아무렇게나 투하한 뒤 곧바로 공중전으로 돌입했다.

결과적으로, 이스라엘은 단일 공역에 무려 156대, 이에 맞서는 이집트는 80대의 전투기를 동원하여 전무후무한 규모의 공중전을 약 50분간 벌였던 것이다. 하지만 2배 가까운 병력비에 우세할 것이라는 믿음을 주었던 개별 전투기들 간의 전투력 비율에도 불구하고, 이스라엘은 17기를 잃었고, 이집트는 7기의 손실에 그쳤다. 이스라엘의 완패였던 것이다. 이러한 손실교환비를 양국 전투기 간의 전투력 비율로 환산하면, 대략 5:1이라는 결과가 나온다. 동등한 숫자로 싸운다면 이스라엘이 자국 전투기 5대를 잃어야 겨우 이집트 전투기 1대를 격추시킬 수 있었다는 얘기다.

군대를 다녀온 사람들이라면 공격군은 방어군에 대해 전술적으로 최소 3배의 병력상의 우세를 가져야만 한다는 말을 들어보았을 것이다. 또 공격군은 방어군에 대해 최소 1.5배의 전구戰區적 우세가 필요하다는 주장도 있다. 미군의 야전교리에 등장하는 이들 주장의 배후는 바로 란체스터 제곱 법칙이다. 다음 〈그림 9.4〉에서 확인할 수 있듯이, 원거리 사격전에서 양군의 전투력이 같을 때 병력비가 3배 차이 나게 되면, 병력이 많은 쪽은 거의 피해를 입지 않은 상태로 상대를 전멸시킬 수 있다. 끝까지 싸우더라도 공격군이 입는 손실은 이론상 약 5%에 불과하기 때문이다.

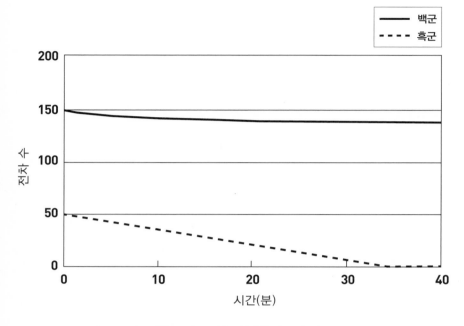

〈그림 9.4〉 전투력 비율이 1이고 병력비가 3배일 때의 원거리 사격전

그리고 앞에서도 언급했지만 병력이 적은 쪽은 전멸당할 때까지 싸우기보다는 중간에 항복하거나 후퇴하기 마련이다. 보통 30% 정도의 손실을 입을 때까지 싸운다고 보면, 그때까지 발생하는 공격군의 피해는 3%에 불과하다. 이 정도 손실이라면 충분히 감내할 만하다고 생각했던 것이다.

여기서 나오는 게 바로 병력의 '집중concentration'의 중요성이다. 원거리 사격전이 필연적인 현대전에서는 각각의 개별 전투를 치를 때 가능한 한 병력을 최대한 집중시켜야 한다는 뜻이다. 가령, 개별 전투력이 동등한 백군과 흑군이 똑같이 1,500명씩 있다고 해보자. 백군은 1,500명을 모두 한 전투에 투입한 반면, 흑군은 500명씩 나눠

서 전투를 치른다고 하자. 이렇게 되면 흑군이 아무리 열심히 싸운다고 해도 완패를 면치 못하게 된다. 모두 전멸당할 때까지 싸워도 백군은 1,200명 이상 살아남기 때문이다. 한마디로, '축차투입'은 원거리 사격전에서 피해야만 하는 가장 미련한 짓이다.

CHAPTER 10
쿠르스크 전투와
프로호로프카 전차전의 승패

● 쿠르스크는 소련의 수도 모스크바^{Moskva}로부터 7시 방향, 그러니까 남서쪽 약 450킬로미터에 위치한 러시아 영토로 우크라이나와 맞닿아 있다. 1943년 3월 초 동부전선에서 독일 쪽으로 유독 튀어나온 쿠르스크 돌출부의 크기는 남과 북으로 250킬로미터 정도, 동과 서로는 160킬로미터 정도였다.

소련 영내에서 전쟁을 벌이는 건 쉽지 않은 일이다. 우선 기본적으로 땅이 너무 넓다. 운송 수단을 갖추지 못한 보병이 걸어서 전쟁을 해야 한다면 전진 속도가 너무나도 느려진다. 물론 전차라든가 자동차화된 부대라면 얘기는 다르다. 하지만 소련 영토로 깊숙이 들어갈수록 보급의 어려움이 점점 더 가중된다는 면에서는 마찬가지였다.

또 하나의 어려움은 소련 특유의 혹독한 겨울이었다. 1941년 6월

22일 개시된 독일의 소련 침공 작전인 바르바로사^{Barbarossa}, 즉 '붉은 수염' 작전에서도 한 10월까지 모스크바를 점령하여 단기간에 소련을 굴복시키겠다는 계획이었다. 그런데 많은 피해를 보긴 했지만 소련은 무너지진 않았고, 그 결과 12월 초 모스크바를 눈앞에 두고 독일군의 진격은 시베리아 지역 등으로부터 증원된 소련군 방어선에 막히고 말았다.

바로 그 시점에 소련의 저 유명한 '동장군'이 독일군을 덮쳤다. 독일은 기본적으로 단기전을 염두에 두었기에 동계 작전을 수행하는 데 필요한 각종 방한 장비가 턱없이 부족했다. 히틀러의 명령으로 인해 후퇴하지 않고 전선을 고수하여 버티는 데에는 성공했지만, 그로 인해 병력상 큰 손실을 입어야 했다. 동계 장비의 문제는 1942년에는 대체로 해결되었지만 가혹한 기후 조건하에서 전투를 벌여야 하는 어려움은 여전했다.

여기에 더해 독일 기갑군의 전진을 방해하는 또 다른 장애물이 있었다. 우기와 해빙기 때의 진창이었다. 가을의 우기에 접어들면 도로를 포함해 온 평원이 진흙탕으로 변해 무한궤도를 장착한 전차도 전진이 거의 불가능했다. 차라리 더 추운 겨울이 와서 땅이 얼어붙고 나면 다시 전차와 자동차의 기동이 가능해졌다. 그러다 다시 3, 4월의 봄이 되면 온 땅이 다시 진흙 천지가 되어 꼼짝할 수가 없었다. 이럴 때는 양쪽 군대가 서로 그냥 마주 본 채로 쉬어야 했다. 그러니까 막상 1년 중에 전투를 효과적으로 치를 수 있는 기간은 그렇게 길지 않았다.

그래서 당초 독일 국방군 최고사령부의 계획은 봄철 해빙기가 끝나는 5월 초에 어떻게 해서든지 공격을 개시하는 거였다. 그런데 여기에 히틀러라는 변수가 개입됐다. 히틀러는 국방군 최고사령부의 계획을 승인하지 않고 작전 개시 시점을 계속 늦췄다. 이유는 바로 쿠르스크 전투를 위해 2년 전부터 개발해온 신무기인 5호 전차, 일명 '판터'가 준비가 되어 있지 않아서였다.

판터는 소련의 T-34의 우수한 성능을 보고 충격을 받은 독일이 이를 벤치마크로 삼아 개발한 전차였다. 구경이 75밀리미터인 주포는 구경장이 70에 달할 정도로 장포신이었고, 80밀리미터 두께의 전면 장갑은 부여된 55도의 경사로 인해 140밀리미터에 준하는 우수한 방어력을 보유하여 공격력과 방어력 모두 T-34보다 확실히 앞섰다. 게다가 최고시속이 55킬로미터에 달하고 14에 근접하는 톤당 마력으로 인해 17의 톤당 마력을 가진 T-34에 밀리지 않는 기동력을 가졌다. 1941년과 1942년 독일군 전차대가 상대하기 버거웠던 T-34를 거꾸로 능가하는 성능을 지닌 판터에 히틀러가 목을 맨 것도 이해가 가지 않는 것은 아니었다.

그리고 히틀러는 1943년 초에 북아프리카와 이탈리아 등에서 이미 실전 배치되어 연합군의 공포의 대상이 되었던 6호 전차, 일명 '티거'의 투입 대수도 좀 더 늘리고 싶어 했다. 티거는 판터보다 속도나 기동력은 떨어졌다. 전반적으로 판터보다 더 두터운 장갑을 가진 탓에 20% 이상 더 무거웠기 때문이다. 하지만 판터를 능가하는 구경 88밀리미터에 구경장 56인 주포를 장비했고, 최대 120밀리미터에 달하는 전면 장갑은 웬만한 거리에서는 소련군 포탄을 어렵지 않게 튕겨낼 정도로 탄탄했다.

Panzer V Panther

T-34

독일의 5호 전차 판터(위 사진)는 소련의
T-34(가운데 사진)의 우수한 성능을 보고 충
격을 받은 독일이 이를 벤치마크로 삼아 개발
한 전차였다. 구경이 75밀리미터인 주포는
구경장이 70에 달할 정도로 장포신이었고,
80밀리미터 두께의 전면 장갑은 부여된 55
도의 경사로 인해 140밀리미터에 준하는 우
수한 방어력을 보유하여 공격력과 방어력 모
두 T-34보다 확실히 앞섰다. 게다가 최고 시
속이 55킬로미터에 달하고 14에 근접하는
톤당 마력으로 인해 17의 톤당 마력을 가진
T-34에 밀리지 않는 기동력을 가졌다.

Panzer VI Tiger

1943년 초에 북아프리카와 이탈리아 등
에서 이미 실전 배치되어 연합군의 공포
의 대상이 되었던 6호 전차 티거(오른쪽 사
진)는, 판터보다 속도나 기동력은 떨어졌
다. 전반적으로 판터보다 더 두터운 장갑
을 가진 탓에 20% 이상 더 무거웠기 때문
이다. 하지만 판터를 능가하는 구경 88밀
리미터에 구경장 56인 주포를 장비했고,
최대 120밀리미터에 달하는 전면 장갑은
웬만한 거리에서는 소련군 포탄을 어렵지
않게 튕겨낼 정도로 탄탄했다.

티거나 판터의 주포는 1,500미터에서 2,000미터 정도 거리에 있는 T-34의 전면 장갑을 관통하는 게 가능했다. 반면, 그 거리에서 T-34의 구경 76.2밀리미터 포로는 티거나 판터의 전면 관통이 불가능했다. 양군의 거리가 이보다 가까워지면 어느 시점부터는 티거나 판터를 파괴시킬 수 있겠지만, 그렇게 될 때까지 소련군 전차대는 피해를 감수해야만 했다.

그러나 티거나 판터의 이러한 우수한 성능은 공짜가 아니고 그에 대한 값을 치러야 했다. 즉, 제작 비용이 만만치 않았고, 복잡한 기계 장치가 여기저기 채용된 탓에 양산도 쉽지 않았다.

특히, 티거가 비쌌다. 제2차 세계대전 종전 후 나온 공식적인 기록에 의하면, 장포신 4호 전차 1대의 생산비용은 10만 3,462마르크인 반면, 판터는 11만 7,100마르크, 그리고 티거는 25만 800마르크였다. 좀 더 비교해보자면, 쿠르스크 전투 당시도 일부 사용됐던 3호 전차는 대당 가격이 9만 6,163마르크, 그리고 3호 전차에서 포탑을 없애고 주포를 차체에 붙인 3호 돌격포는 8만 2,500마르크였다.

그러니까 티거 10대를 생산할 돈으로 장포신 4호 전차를 24대 갖출 수 있고, 3호 돌격포는 30대까지 가질 수 있었다. 3호 돌격포 3대 가질래, 아니면 티거 1대 가질래 하는 질문에 대해 히틀러는 티거 1대가 더 낫다는 판단을 한 셈이었다. 더군다나 가격에서 큰 차이가 나지 않는 판터와 4호 전차 사이에서 선택해야 한다면 판터를 선택하는 것은 당연했다.

이미 독소전쟁 3년째에 접어드는 시점에 미국마저 뒤를 받쳐주고 있는 소련의 막대한 생산력을 독일이 "눈에는 눈, 이에는 이"로 감당할 재주는 없었다. 독일로서는 쓸 수 있는 자원은 이미 한정되어 있는 상황에서 생산 대수는 좀 줄어들더라도 좀 더 고성능의 무기를 통해 전세를 뒤엎고 싶어 했다. 부족한 병력을 개별 전투요소의 우수한 전투력으로 극복해보려는 전형적인 상황이었던 것이다.

그렇더라도 한 가지 사실을 지적하도록 하자. 앞에서 언급한 전차 종류별 단가는 한참 양산이 된 후에 총비용을 생산 대수로 나눈 가격이라는 점이다. 이때, 총비용에는 초기 개발비가 포함되며 전용의 생산 설비 마련을 위한 고정 비용도 포함되기 마련이다. 그러니까 생산 대수가 그렇게 많지 않으면 가격은 확 올라가기 마련이며, 생산량이 늘어날수록 단가가 계속 떨어질 수밖에 없다.

이와 같이 생산량이 늘수록 평균 단가가 떨어지는 현상을 경제학에서는 '경험곡선'의 효과라고 부른다. 경험곡선은 대부분의 제조업에서 고정비용의 존재와 숙련도의 향상으로 인해 보편적으로 나타나는 현상이다. 가령, 1943년의 자료에 의하면 티거의 대당 비용은 무려 80만 마르크에 달했다. 이때만 해도 아직 생산이 시작된 지 얼마 되지 않아 누적 생산량이 그렇게 많지 않던 때였다. 그랬던 것이 나중에는 25만 800마르크까지 떨어진 거였다. 그러니까 쿠르스크 전투가 벌어지던 1943년의 입장에서 보면, 티거 1대는 장포신 4호 전차 8대 혹은 3호 돌격포 10대의 기회비용을 지불하고 얻을 수 있는 무기였을 수도 있다.

또한 판터와 티거의 비용 차이가 약 2.1배까지 나는 데에서도 경험곡선의 흔적을 찾아볼 수 있다. 제2차 세계대전 종전까지 판터는 총 5,989대가 생산된 반면, 티거는 1,347대에 그쳤다. 티거의 생산 대수가 판터의 22%에 불과했으니 대당 단가가 높게 계산되는 건 어찌 보면 당연한 일이다. 물론, 판터의 경제성, 즉 비용 대비 전투력의 관점에서 티거보다 우월하여 티거 대신 판터를 좀 더 많이 생산했을 가능성도 있다. 한마디로, 판터는 이른바 가성비, 즉 가격 대비 성능이 뛰어난 전차였다는 얘기다.

공세를 펼칠 수 있는 시간을 두 달 이상 허비하면서까지 독일은 끌어모을 수 있는 병력을 모두 모았다. 총 78만 900명의 지상군 병력과 9,966문의 각종 포가 쿠르스크 전선에서 준비를 마쳤다. 하지만 역시 공격의 열쇠를 쥐고 있는 것은 850대의 돌격포를 포함하여 2,928대의 전차로 구성된 16개 기갑사단과 5개 기갑척탄병사단이었다. 크게 보면, 독일군 부대는 2개 집단군으로 구성됐다. 클루게^{Günther von Kluge}가 지휘하는 중부집단군은 쿠르스크 돌출부의 북쪽을 공격하고, 만슈타인^{Erich von Manstein}이 지휘하는 남부집단군은 남쪽을 공격하는 계획이었다.

중부집단군은 제9군과 제2군, 그리고 집단군 예비대인 제8기갑사단으로 구성되며, 총 8개 기갑사단과 2개 기갑척탄병사단이 배속되었다. 중부집단군 전차 전력의 핵심은 모델^{Walter Model}이 지휘하는 제9군으로, 휘하에 제2·제9·제20기갑사단의 3개 기갑사단이 배속된 제47기갑군단을 거느리는 등 총 6개 기갑사단과 1개 기갑척탄병사단을 보유했다. 그리하여 전투 개시 시점에 제9군 산하에는 423대의 돌격포를 포함하여 총 1,081대의 전차가 편제되었다. 또한 제2군 산하에는 100대의 돌격포가 있었다. 그러니까 중부집단군은 총 1,181대의 전차 전력을 보유했다.

한편, 전체 병력은 중부집단군이 10만 명 정도 더 많았지만, 좀 더 기계화되어 있는 쪽은 8개 기갑사단과 3개 기갑척탄병사단을 보유한 남부집단군이었다. 호트Hermann Hoth가 지휘하는 제4기갑군 산하에는 제48기갑군단과 제2SS기갑군단이 배속되었고, 양 기갑군단은 2개 기갑사단과 1개 기갑척탄병사단을 보유하여 총 4개 기갑사단과 2개 기갑척탄병사단이 휘하에 있었다. 또한 켐프Werner Kempf가 지휘하는 켐프분견군에는 3개 기갑사단을 보유한 제3기갑군단이 배속되었고, 이외에도 집단군 예비대로 제17기갑사단과 제5SS기갑척탄병사단을 갖고 있었다. 전차 대수로 얘기하자면, 제4기갑군에는 돌격포 172대를 포함한 1,235대의 전차가 있었고, 켐프분견군에는 155대의 돌격포를 포함한 512대의 전차가 있었다. 따라서 남부집단군의 총 전차 대수는 1,747대였다.

히틀러가 오매불망하던 판터는 7월 1일에야 전선에 도착했다. 제51전차대대와 제52전차대대로 구성된 제39전차연대는 총 200대의 판터를 배속받았고, 이들은 제48기갑군단 산하의 '대독일Grossdeutschland' 기갑척탄병사단에 배속되어 남부집단군의 가장 날카로운 칼 역할을 맡았다. 하지만 워낙 급하게 열차로 수송된 탓에 제대로 된 야전훈련 한 번 못 받고 그대로 전투에 투입되었다. 그리고 아직 양산 성능이 안정화되지 못한 탓에 '성채 작전'이 개시되던 7월 5일 아침까지 이미 16대의 판터를 기계적 결함과 고장 등으로 잃었다.

이에 맞서는 소련은 독일의 공세 준비를 모르지 않았다. 스탈린Iosif Vissarionovich Stalin은 해빙기가 끝나는 대로 독일에 대해 공세를 취하고 싶어 안달이 났다. 그렇지만 4월 8일 소련 전차군의 아버지라고 할 수 있는 주코프Georgii Konstantinovich Zhukov는 스탈린에게 다음과 같은 편지를 보냈고, 결국 설득에 성공했다. 참고로, 주코프는 앞에서 나왔던 할하 강 전투에서 일본군을 쓸어버린 소련군 지휘관이기도 했다.

"적(독일군)은 13개에서 15개 정도의 최정예 전차사단을 모아 쿠르스크 지역을 남쪽과 북쪽에서 공격할 겁니다. 이를 선제 공격하여 적의 예봉을 꺾으려는 방안은 권할 만한 방안이 아닙니다. 적이 우리의 방어선에 선공을 취하게 하여 지치게 하고, 특히 적의 전차군의 힘을 뺀 후 우리의 싱싱한 예비대를 투입하여 적을 일거에 쓸어버리는 쪽이 더 나은 방안입니다."

소련은 총 3개 방면군을 편성하여 2개 방면군은 각각 독일의 중부집단군과 남부집단군의 공세를 우선 받아내도록 했다. 그리고 1개 방면군은 전략적 예비로 빼놓아 독일의 공세가 둔해졌을 때 공세로 전환하는 주공으로 삼았다. 총병력은 191만 361명이었으며, 5,128대의 전차, 그리고 2만 5,013문의 각종 포가 집결했다. 그러니까 전투 개시 전에 집결한 양군의 전체 규모를 비교해보면, 병력과 포, 모두 2.5:1로 소련의 우세, 그리고 전차에서도 1.7:1로 소련이 우세한 상황이었다. 앞의 9장에서 얘기한 공격군은 수비군보다 3배 많은 병력을 가져야 한다는 말에 전혀 부합되지 않는 상황에 독일이 처해 있었던 것이다.

한편, 실제 이 모든 병력이 전부 전투에 참가했던 것은 아니었다. 소련의 경우 1개 방면군은 전략 예비로서 온전히 전투에서 배제되어 있었고, 독일도 일부 부대는 예비부대로서 막상 전투에 참가하지는 못했다. 또한 편제상으로는 존재하더라도 각종 기계적 장애 등으로 인해 실제로는 전투에 참가할 수 없는 전차들이 적지 않았다. 그런 관점으로 보면, 독일의 실제 병력과 전차 대수는 51만 8,271명과 2,465대였고, 소련의 실제 병력과 전차 대수는 142만 6,352명과 4,938대였다. 비율로 환산하면, 병력과 전차 대수가 각각 2.75:1과 2:1로 차이가 더욱 벌어졌다.

4,938대의 소련군 전차가 모두 강력한 T-34로만 구성된 건 물론 아니었다. 45밀리미터 구경의 포를 장비한, 1942년부터 양산되기 시작한 경전차 T-70이 전체 대수의 30%가량을 차지했고, 소수의 KV 전차도 있었다. 이외에도 이례적인 것으로, 미국이 공여해 준 M3 리나 영국이 제공한 처칠, 마틸다, 발렌타인 등도 있었다. 또한 소련군은 상대적으로 전차의 비중이 높아서 259대만이 SU-76이나 SU-122와 같은 돌격포였다. 그러니까 T-34의 대수는 전체의 반 약간 넘는 정도였다.

그에 비해 전투에 참가한 총 2,465대의 독일 전차 구성은 좀 더 다양했다. 가령, 실제로 전투에 참가한 전차 대수가 1,004대인 제4기갑군의 구성을 보자. 우선, 대전차 전투능력이 극히 미약한 2호 전차가 4대, 단포신 3호 전차가 14대, 단포신 4호 전차가 29대로, 전체의 5% 정도였다. 그 다음 제한적인 대전차 전투능력을 가진 장포신 3호가 206대 있었고, T-34과 겨룰 수 있는 장포신 4호는 249대였다. 히틀러가 목 빼고 기다리던 판터는 184대, 티거는 49대로 전체의 25%에 못 미쳤고, 이외에도 3호 돌격포가 184대, 그리고 소련군으로부터 노획한 47대의 T-34도 있었다.

한편, 여기서 언급하지 않은 켐프분견군이나 중부집단군 산하의 제9군과 제2군은 제4기갑군보다 장비가 열세였다. 가령, 앞에서 언급한 제4기갑군 산하의 제48기갑군단 외에 판터를 장비한 군단은 없었다. 그리고 티거는 제4기갑군이 보유한 49대 외에 제3기갑군단 산하에 배속된 제503중전차대대의 48대와 중부집단군에 배속됐던 제505중전차대대의 31대가 전부였다. 그러니까 독일이 투입한 2,465대의 돌격포 및 전차 중 티거는 128대, 판터는 184대가 전부 다로, 13%에 불과했던 것이다. 이외에도 독일의 실패작 구축전차 페르디난트Ferdinand가 총 83대 있었다.

7월 5일 드디어 독일의 공격이 개시되었지만, 만반의 준비를 마친 소련군의 방어선을 뚫기가 쉽지 않았다. 기갑전력이 남부집단군보다 상대적으로 열세였던 중부집단군은 특히 어려움이 컸다. 최대 12킬로미터까지 전진하고는 더 이상 유의미한 돌파를 이끌어내지 못하여 7월 10일에는 완전히 전선에 주저앉게 되었다.

남부집단군은 확실히 그보다는 나았다. 제4기갑군 산하의 제48기갑군단과 제2SS기갑군단은 성공적으로 소련군의 방어선을 뚫고 들어갔고, 제503중전차대대가 배속된 켐프분견군도 하루 만에 10킬로미터까지 돌파했다. 이어 7월 8일 밤까지 제2SS기갑군단은 소련 내 영토로 29킬로미터까지 진격했다. 이러한 속도는 독일의 기대보다는 느렸지만, 소련의 예상보다는 훨씬 빠른 거였다. 그 과정에서 소련과 독일의 전차부대 사이의 교전은 계속되었다. 수적 우세에도 불구하고 소련군 전차대의 피해가 적지 않았다.

급기야 7월 12일, 하루 종일 프로호로프카Prokhorovka를 놓고 독일 제2SS기갑군단 산하의 3개 기갑사단과 소련 제5근위전차군 산하의

Battle of Kursk

●●● 1943년 7월 쿠르스크 전투 당시 독일 제2SS기갑사단 병사들과 티거Ⅰ 전차. 티거는 쿠르스크 전투에서 압도적인 전과를 거뒀다. 수적 우세에도 불구하고 소련군 전차대의 피해는 적지 않았다. 쿠르스크 전투에서 독일군과 그들의 전차가 놀라울 정도의 전투 능력을 보였다는 사실을 부인하긴 어렵다. 그러나 실제 역사는 이와 무관한 방향으로 흘러가버렸다. 양을 질로써 극복하는 건 결코 쉬운 일이 아니다. 숫자가 결국 문제가 된다는 건 전쟁의 경제학에서 피해갈 수 없는 결론이다.

5개 전차 및 기계화군단이 정면으로 충돌했다.* 이 전투에 투입된 독일군 돌격포와 전차는 15대의 티거를 포함한 294대였다. 반면, 소련 제5근위전차군은 보유한 840대 중 616대의 전차를 투입했고, 이중 T-34가 대략 3분의 2에 달했다. 말하자면, 2.4제곱킬로미터밖에 안되는 좁은 지역에서 거의 1,000대에 달하는 전차들이 뒤엉켜 하루 종일 전투를 벌인 거였다. 이 프로호로프카 전투Battle of Prokhorovka는 지금까지도 역사상 최대의 단일 전차전으로 인정되고 있다.

12일 밤까지 벌어진 프로호로프카 전투의 전술적 승리는 독일에게 돌아갔다. 제2SS기갑군단은 원래 확보하고 있던 고지를 지켜냄과 동시에 소련 전차군에게 막대한 손실을 입혔기 때문이다. 독일군의 손실은 43대에 그친 반면, 소련군 전차 손실은 546대로, 손실교환비가 무려 12.7:1이라는 어마어마한 차이였다.

하지만 독일의 공세는 여기까지였다. 3일 전인 9일 자정을 기해 미국의 제82공정사단과 영국 제1공정사단의 병력이 이탈리아의 시실리 섬을 낙하 강습하는 것으로 연합군의 이탈리아 침공이 개시되었기 때문이었다. 프로호로프카 전투가 벌어진 다음날인 13일 저녁 히틀러는 중부집단군 사령관인 클루게와 남부집단군 사령관인 만슈타인을 소환해 성채 작전의 중단을 명령했다. 그로부터 3일 후인 7월 16일, 중부집단군과 남부집단군은 7월 5일 공격을 개시했던 지점까지 밀려났다. 다음날인 7월 17일, 남부집단군의 중요 부대인 제

---

* 소련의 1개 군단은 대략 독일의 1개 사단보다 조금 더 큰 정도로, 군단의 개수를 단순 비교하는 건 다소 부적절하다.

2SS기갑군단은 이탈리아전선에 투입되기 위해 동부전선을 떠났다. 그 이후, 동부전선의 독일군은 1945년 5월 베를린^{Berlin}이 함락될 때까지 시종일관 하염없이 서쪽으로 밀렸다.

성채 작전 기간 동안 독일군은 5만 4,182명의 병력과 323대의 전차를 잃었다. 반면, 소련군의 손실은 같은 기간 동안 17만 7,847명의 병력과 1,614대의 전차에 달했다. 란체스터 제곱 법칙을 양군의 병력 변동에 대해 적용했을 때의 전투력 상수를 구해보면 어떤 결과가 나올까? 시뮬레이션을 해보면, 독일군 병사 1명의 전투력은 소련군 병사 1명의 전투력의 8.89배에 해당한다는 결과가 나온다. 그러한 전투력 상수가 유지된다는 가정하에서, 한쪽이 전멸할 때까지 전투를 계속했다면 결국 107일째에 소련군은 전멸하고 독일군은 19만 9,316명이 남는다. 독일군이 승리한다는 결론이 나오게 되는 것이다.

전차에 대해서도 비슷한 분석을 해볼 수 있는데, 결과가 꽤나 흥미롭다. 독일군 전차 1대의 전투력은 소련군 전차 1대의 전투력의 8.93배가 계산되어, 좀 전의 병력에 대한 전투력 비율과 놀라울 정도로 흡사하다. 이 전투력 상수가 유지된다면, 〈그림 10.1〉에서 확인할 수 있듯이 작전 개시 28일째에 소련군 전차는 0이 되고 독일군 전차는 1,829대가 남아 독일의 승리다.

좀 더 순수한 의미의 전차전이 벌어진 프로호로프카 전투에 대해서도 분석해보자. 〈그림 10.2〉에서 확인할 수 있듯이, 12시간가량의 전투가 끝났을 때 이미 전투에 참가했던 소련군 전차대는 거의 전멸 수준에 가까웠다. 여기에 더해 전투력 상수가 유지된 채로 잔존 병력 간의 전투가 계속되었다면, 2시간 만에 소련군 전차는 모조리 격

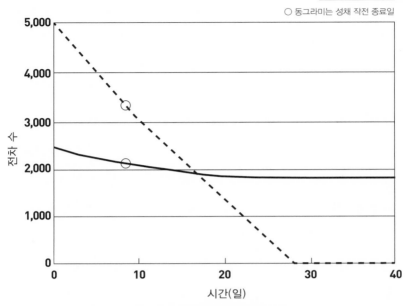

〈그림 10.1〉 쿠르스크 전투에서의 양군 전차 대수의 변화

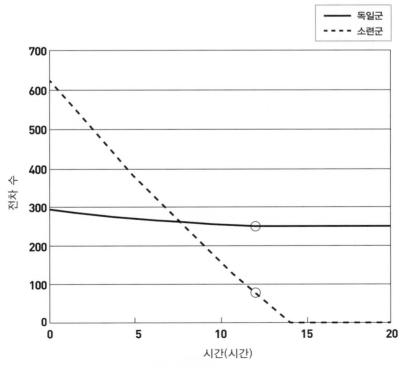

〈그림 10.2〉 프로호로프카 전차전에서의 양군 전차 대수의 변화

파되었을 것이다. 이때의 전투력 상수 비율은 무려 16.1:1에 달한다. 그러니까 독일군 전차 1대는 소련군 전차 16.1대에 해당하는 전투력을 보였다는 얘기다. 앞에서 구한 전체 쿠르스크 전투에서의 전투력 비율 8.93:1이 무색할 정도의 차이다.

히틀러가 기대했던 대로 판터와 티거는 과연 작전 개시를 2개월 늦출 만큼의 결과를 보여줬을까? 티거는 쿠르스크 전투에서 압도적인 전과를 거뒀다. 성채 작전이 종료되는 시점까지 대독일척탄병사단 산하의 티거 14대는 아무런 손실을 입지 않았고, 제2SS기갑군단 소속의 35대는 3대가 파괴되었다. 또한 48대로 시작한 제503중전차대대는 4대를 잃는 데 그쳤고, 31대의 제505중전차대대 또한 4대를 잃었다. 그러니까 128대 중 11대를 잃는 대신 무수히 많은 소련군 전차를 파괴했던 것이다. 한편, 판터의 경우는 조금 달랐다. 안정되지 못한 성능 탓에, 전투 개시 시점에 184대였던 판터는 이틀의 전투 후 40대만이 전투를 지속할 수 있었다.

사실, 쿠르스크 전투에서 독일군이 무리한 작전을 벌여 전세를 그르쳤다는 인식이 일반적이다. 전략적인 수준에서라면 그런 비판은 충분히 있을 수 있다. 하지만 전술적·전투적 관점에서 볼 때, 쿠르스크 전투에서 독일군과 그들의 전차가 놀라울 정도의 전투 능력을 보였다는 사실을 부인하긴 어렵다. 그러나 실제 역사는 이와 무관한 방향으로 흘러가버렸다. 양을 질로써 극복하는 건 결코 쉬운 일이 아니다. 숫자가 결국 문제가 된다는 건 전쟁의 경제학에서 피해갈 수 없는 결론이다.

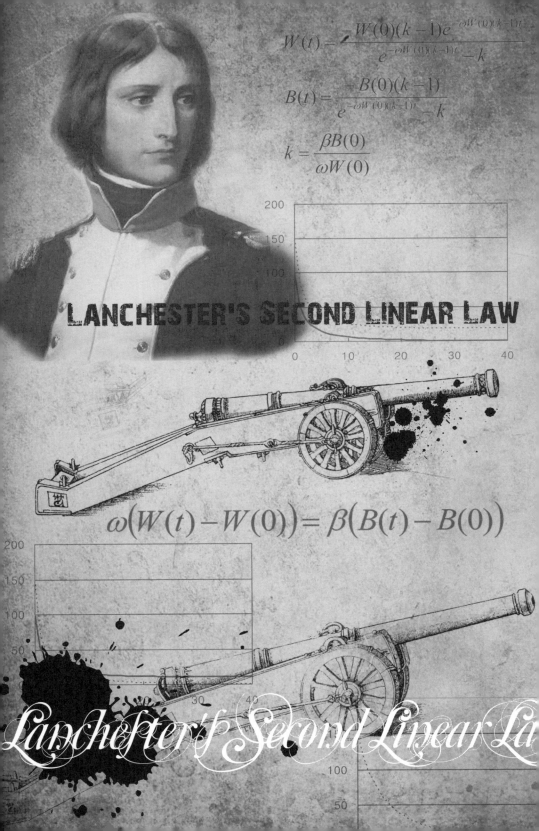

$$W(t) = \frac{-W(0)(k-1)e^{-\omega W(0)(k-1)t}}{e^{-\omega W(0)(k-1)t} - k}$$

$$B(t) = \frac{-B(0)(k-1)}{e^{-\omega W(0)(k-1)t} - k}$$

$$k = \frac{\beta B(0)}{\omega W(0)}$$

LANCHESTER'S SECOND LINEAR LAW

$$\omega(W(t) - W(0)) = \beta(B(t) - B(0))$$

Lanchester's Second Linear Law

PART 4
점이 면적으로 바뀌는
포격전의 경제학

CHAPTER 11
코르시카 태생 포병 황제, 러시아 원정에 나서다

● 코르시카Corsica 섬은 지중해 북부에 위치한 섬으로 면적이 제주도의 거의 5배에 달할 정도로 큰 섬이다. 코르시카는 현재 프랑스의 일부이지만 역사적으로 보면 이탈리아, 특히 제노바Genova의 지배를 오랫동안 받았다. 그도 그럴 것이 거리상으로 보면 프랑스보다는 이탈리아에 훨씬 더 가깝다. 그런 점에선 일본의 쓰시마 섬, 즉 대마도對馬島가 연상된다. 대마도에서 부산까지의 거리는 50킬로미터에 불과한 반면, 일본 규슈九州 본토와는 132킬로미터 떨어져 있으니 말이다.

코르시카인들은 13세기부터 시작된 제노바 공화국의 가혹한 지배를 혐오해 마지 않았다. 그 결과, 1729년에 코르시카 독립 전쟁이 발발했는데, 40년이 다 되어가도록 그칠 줄 몰랐다. 그러자 더 이상 무력으로 억압하는 데 한계를 느낀 제노바 공화국은 1768년 프랑스와 베르사유 조약을 맺어 코르시카 섬에 대한 지배권을 프랑스에

팔아버렸다. 프랑스 부르봉 왕가에 갚아야 할 돈 대신 현물로 제공했던 것이다.

물론 코르시카인들은 제노바의 지배 자체를 부인하고 있었기 때문에 조약을 인정치 않았다. 하지만 프랑스는 자신들의 권리를 무력으로 주장하기에 이르렀고, 급기야 다음해인 1769년 코르시카군은 쳐들어온 프랑스군에 대패해 코르시카는 프랑스의 지배 아래 놓여 현재까지도 프랑스 영토다. 코르시카에 대한 이런 얘기를 하다 보면 남의 일 같지 않게 느껴진다.

사실, 코르시카는 다음에 나오는 이 사람이 없었다면 별로 세상에 알려질 일이 없었다. 1769년 8월 15일에 코르시카의 수도인 아작시오Ajaccio에서 태어난 나폴레오네 디 부오나파르테Napoleone Buonaparte다. 어디선가 들어본 듯한 이름인데 뭔가 이름이 이상하다 싶을 수도 있을 것 같다. 짐작한 대로 나중에 세상에 나폴레옹으로 알려진 바로 그 장본인이다. 나폴레옹은 코르시카가 프랑스의 실효적 지배를 받기 시작한 바로 그해에 태어났다.

나폴레옹의 아버지 카를로 마리아 디 부오나파르테Carlo Maria di Buonaparte는 피사 대학에서 공부한 변호사였다. 코르시카의 독립을 지지했던 그는 프랑스의 침공에 대해서도 거센 반대의 목소리를 높이던 사람이었다. 하지만 얼마 안 있어 입장을 바꿔 프랑스의 지배를 인정하고 프랑스 귀족의 지위를 얻었다. 그러고는 자신의 이름과 성을 프랑스식인 샤를 보나파르트로 바꾸고 코르시카의 판사가 되었다. 이때, 셋째 아들이었던 나폴레오네도 본인의 의지와 무관하게 덩달아 나폴레옹으로 이름이 바뀌게 되었다.

●●● 1769년 8월 15일에 코르시카의 수도인 아작시오에서 나폴레오네 디 부오나파르테가 태어
났다. 그가 바로 그 유명한 나폴레옹이다. 나폴레옹은 코르시카가 프랑스의 실효적 지배를 받기 시작
한 바로 그해에 태어났다. 만 10세 때 브리엔에 있는 군사학교에 입학해 5년의 교육과정을 마친 후,
파리에 있는 엘리트 군사학교, 에콜 밀리테르에 입학해 포병 장교로서 교육을 받았다. 그림은 코르시
카 국민위병대 중령 시절(23세)의 모습.

만 10세 때 브리엔Brienne에 있는 군사학교에 보내진 나폴레옹은 코르시카 액센트가 강한 프랑스어를 구사한 탓에 모두의 놀림감이 되었다. 하지만 어린 나폴레옹은 남다른 수학적 능력으로 두각을 나타냈고, 역사와 지리에도 지대한 관심을 보였다. 당시의 교관은 "이 소년은 좋은 선원이 될 만하다"는 종합 평가를 내렸다. 브리엔의 군사학교에서 5년의 교육과정을 마친 후, 나폴레옹은 파리에 있는 엘리트 군사학교, 에콜 밀리테르École Militaire에 입학하여 포병 장교로서 교육을 받았다.

●●● 1795년 왕당파가 파리에서 반란을 일으키자, 튈르리 궁 수비대 대장이자 유능한 포병 장교였던 나폴레옹은 근거리에서 다수의 인명을 살상할 수 있는 포탄 종류의 하나인 포도탄을 사용해 머스킷으로 무장한 반란군을 진압했다. 이 사건으로 나폴레옹은 공화국을 지지하는 엘리트 포병 장교라는 명성과 대중적 지지를 얻게 되었고, 이후 그의 경력은 탄탄대로를 걷게 되었다. 특히 그는 포병의 창의적인 활용을 통해 승리를 거머쥐곤 했다. 1796년 프랑스 공화국의 이탈리아 원정군 사령관에 임명되어 가는 곳마다 승리를 거둬, 포병 전술의 마에스트로라는 칭호를 얻었다.

    프랑스에서 포병 장교는 아무나 할 수 있는 것이 아니었다. 왜냐하면, 포병 장교가 되려면 복잡한 수학 계산을 할 수 있는 능력이 필요했기 때문이다. 그래서 장교 후보생 중 최고의 엘리트들만이 포병 병과로 배속될 수 있었다. 그리고 에콜 밀리테르의 포병 교관들은 보통 사람들이 아니었다. 단적인 예로, 에콜 밀리테르에서 나폴레옹을 비롯한 포병 장교 후보생들을 가르친 교관이 저 유명한 수학자 피에르-시몽 라플라스Pierre-Simon Laplace였다.

    포병 장교로서 착실하게 경력을 쌓던 나폴레옹은 1789년의 프랑스 혁명 이후의 혼란기에 공화국 지지자로 자리매김하게 되었다. 그리고 1795년 왕당파가 파리에서 반란을 일으키자 튈르리 궁$^{\text{Palais des}}$ ^{Tuileries} 수비대 대장이자 유능한 포병 장교였던 나폴레옹은 반란군을 가볍게 진압했다. 근거리에서 다수의 인명을 살상할 수 있는 포탄의 종류 중 하나인 포도탄^{grapeshot}을 사용하여 머스킷으로 무장한 반란군을 길거리에서 쓸어버렸던 것이다. 이 사건은 나폴레옹에게 공화국을 지지하는 엘리트 포병 장교라는 명성과 대중적 지지를 가져다주었다.

이후 그의 경력은 탄탄대로를 걷게 되었다. 1796년 프랑스 공화국의 이탈리아 원정군 사령관으로 임명되어 가는 곳마다 승리를 거뒀다. 1797년에는 오스트리아군을 상대로 실력을 발휘, 뢰벤 조약$^{\text{Treaty of Leoben}}$과 캄포 포르미오 조약$^{\text{Treaty of Campo Formio}}$을 통해 북부 이탈리아와 벨기에 등의 저지대 국가에 대한 지배권을 확보했다. 특히, 그는 포병의 창의적인 활용을 통해 승리를 거머쥐곤 했다.

그런데 나폴레옹의 명성이 점점 올라감에 따라 그에 대한 대중들의 인기와 군인들로부터의 전폭적 지지가 제1공화정 정부는 부담스러워지기 시작했다. 이를 바탕으로 쿠데타에 나서지 말란 법이 없었기 때문이다. 그렇다고 대놓고 그를 내칠 수도 없었다. 누가 뭐래도 나폴레옹은 공화국의 확고한 지지자였다. 그는 모든 프랑스 시민은 국가 아래 평등하다는 신념하에, 기존 봉건 귀족 세력의 모든 특권을 폐지해야 한다고 주장했다.

이에 제1공화정 정부는 이집트를 침공하기로 결정하고, 나폴레옹을 이집트 원정군의 사령관으로 임명했다. 외관상 영국의 중동 지배에 타격을 가하려는 계획처럼 포장했지만, 진정한 속셈은 부담스러운 나폴레옹을 프랑스로부터 쫓아내려는 거였다. 영국은 군사적으로 절대 만만한 상대가 아니었던 탓에 원정이 성공한다는 보장은 전혀 없었다. 그래서 전투의 성과가 지지부진하면 나폴레옹에 대한 인기가 떨어질 것이고, 혹은 아예 그가 전투 중 죽게 될 가능성도 있었다.

이러한 속셈을 모르지 않았던 나폴레옹은 마음속으로 칼을 갈면서 1798년 이집트 원정에 나섰다. 보란 듯이 이집트를 정복해 아예 권력 장악의 계기로 삼겠다고 결심했던 것이다. 그리하여 같은 해 7월 21일 이집트를 지배하는 무라드 베이Mourad Bey 휘하의 2만 5,000명과 42문의 포로 무장한 프랑스 원정군 2만 명 사이에 본격적인 전투가 벌어졌다. 이것이 이름하여 피라미드 전투Battle of the Pyramids 혹은 엠바베 전투Battle of Embabeh다. 이 전투에서 프랑스군은 300명이 안 되는 손실을 입으면서 최소 3,000명의 맘루크Mamluk 기병과 그 이상의 보병을 쓰러뜨렸다. 압도적인 승리를 거뒀던 것이다.

그러나 영국군은 확실히 이집트군과 달랐다. 8월 1일에 벌어진 나일 강변의 아부키르 만 전투Battle of Aboukir Bay에서 넬슨이 이끄는 14척의 영국 함대는 브뤼예François-Paul Brueys d'Aigalliers가 지휘하는 17척의 프랑스 함대를 박살내고야 만다. 영국군의 피해는 900명의 사상자에 그치고 함정의 손실은 없었던 반면, 프랑스군은 4척이 침몰되고 9척은 영국군에 탈취당하는 참담한 패배를 당했다. 이후 나폴레옹은 오스만 제국을 공격하여 약간의 성과를 얻어내지만, 전략적인 차원에서 당초 의도했던 목표를 달성할 가능성은 희박해졌다.

기회를 엿보던 나폴레옹은 다음해인 1799년, 유럽에서 프랑스 공화국군이 연합군에 연달아 패배하자 10월에 과감히 단신으로 파리로 귀환해버렸다. 결국 11월 9일, 500명의 집정관consul으로 구성된 제1공화정 정부를 엎어버리고 임기 10년의 제1집정관의 지위에 올랐다. 그리고 국민투표의 형식을 빌려 헌법을 고쳐 최고권력자로서의 지위를 공고히 했다. 사실상의 쿠데타였다. 이게 가능했던 이유는 그에 대한 대중의 지지가 꽤나 확고부동했기 때문이었다. 그에게 권력을 부여하는 새로운 헌법은 99.94%라는 찬성으로 비준되었다.

하지만 인기와 권력은 언제 사라질지 모르는 신기루와 같다는 것을 나폴레옹은 잘 알고 있었다. 새 헌법 비준을 위한 투표인단도 사실은 좀 조작된 것이기도 했다. 전반적으로 밀리고 있던 유럽 대륙에서의 전황을 뒤집지 못하면 공화국의 앞날과 나폴레옹의 지위는 금세 유리처럼 깨질지도 몰랐다.

그래서 이제 그는 공화국 프랑스를 전복시키려는 왕정 유럽동맹군을 상대로 한 승리가 무엇보다도 절실했다. 그것이 프랑스 국민들이 바라는 바였다. 다른 유럽 나라들은 여전히 왕과 귀족들이 지배하는 구체제였고, 이들이 보기에 프랑스의 공화정은 퍼져서는 안 되는 바이러스와도 같은 존재였다. 한편, 기존 체제로부터 독립하기를 희망하는 국가와 민족들은 나폴레옹과 공화국 군대의 선전을 은연중에 기대하고 있었다.

1800년 나폴레옹은 제1집정관 취임 이후의 첫 번째 전투로 이탈리아 원정에 나섰다. 4년 전 원정군 사령관으로서 포병 전술의 마에스트로라는 칭호를 얻었던 곳이 바로 이탈리아였다. 그런데 당시 나폴레옹이 획득했던 이탈리아 영토의 대부분은 오스트리아군의 손에 넘어갔고, 그나마 분전하고 있던 마세나^André Masséna 휘하의 프랑스군 3만 6,000명은 멜라스^Michael von Melas가 지휘하는 12만 명의 오스트리아군에 포위되어 제노바에 갇히는 신세가 되어버렸다. 나폴레옹은 이를 직접 구원하러 가기보다는 좀 더 우회 기동을 펼쳐 오스트리아군의 후방을 위협하는 쪽으로 작전을 짰다.

그런데 문제가 있었다. 프랑스에서 이탈리아로 공격해 들어가려면 지중해 연안의 해안 도로로 따라가야 했지만, 그 길은 이미 오스트리아군에 의해 봉쇄되어 정면으로 부딪치지 않을 수가 없었다. 유일한 대안은 프랑스와 이탈리아를 갈라놓고 있는 알프스 산맥을 넘는 거였다. 하지만 험준한 알프스 산맥을 수만 명의 군대가 넘어간 사례는 극히 드물었다. 굳이 대라면, 2000여 년 전의 카르타고의 맹장 한니발 정도가 유일한 예외였다. 나폴레옹은 한니발이 간 길을 가보기로 결심했다.

이전까지 자신과 생사고락을 함께한 부대는 이집트에 남겨놓고 온 탓에 여기저기서 긁어 모은 4만 명 정도의 예비군과 소수의 집정관 근위대가 그가 지휘할 수 있는 부대의 전부였다. 당연히 그렇게 정예 병력이라고 보기는 어려웠다. 게다가 봄이라고는 해도 5월의 알프스는 여전히 눈도 녹지 않을 정도로 춥고 거칠었다. 3일치 식량과 각종 무장을 한 채로 생-베르나르^Saint-Bernard 협곡을 도보로 건너는 것만으로도 지칠 노릇이었다.

그런데 거기에 더해 포를 가져가야만 했다. 포병이 없는 나폴레옹군이라는 건 생각할 수조차 없었다. 무거운 포를 분해하여 노새와

인력으로 끌고 가느라 프랑스군은 죽을 고생을 했다. 이때의 장면을 그린 그림이 저 유명한 나폴레옹이 백마를 타고 알프스 산맥을 넘는 그림이다. 자크-루이 다비드Jacques-Louis David가 그린 이 그림은 사실 정치적 선전을 목적으로 한 과장의 산물이었다. 실제로는 백마가 아니라 볼품 없는 노새를 타고 넘었다.

또한 알프스 산맥을 넘으면서 나폴레옹이 했다는 "나의 사전에 불가능이란 단어는 없다"는 말도 사실과는 다르다. 나폴레옹은 이때 그런 말을 한 적이 없다. 굳이 찾자면, 1813년 휘하 장군 르 마루아Jean Le Marois가 "Ce n'est pas possible." 즉, "그건 가능하지 않습니다"라고 편지를 보내오자, 답장을 써서, "Cela n'est pas francais." 즉, "그런 말은 프랑스어가 아니다"라고 했던 게 전부다.

어쨌거나 그렇게 고생해서 알프스 산맥을 넘은 프랑스군이 6월 2일 밀라노Milano를 기습 점령하자, 오스트리아군은 혼란에 빠졌다. 생각지 못했던 후방이 뚫려버렸기 때문이었다. 하지만 병력이나 제반 여건은 여전히 오스트리아 쪽에 유리했다. 특히, 나폴레옹군이 알프스 산맥을 넘어온 것을 몰랐던 마세나가 항복해버리는 바람에 협공은 고사하고 오히려 역으로 포위를 당하는 모양새가 연출되었다.

6월 9일 몬테벨로Montebello에서 란Jean Lannes이 이끄는 8,000명의 프랑스 군단은 오트Peter Ott가 지휘하는 1만 8,000명의 오스트리아군과 접촉, 교전을 시작했다. 란은 오스트리아군의 규모가 그렇게 크지 않다고 잘못 판단했고, 상대방의 전투의지를 얕봤다. 특히, 알프스 산맥을 넘어오느라 고작 2문의 포만을 장비한 프랑스군에 비해 오트 휘하에는 35문의 포가 있었고, 여기서 발사되는 캐니스터 탄

●●● 1800년 나폴레옹은 제1집정관 취임 이후의 첫 번째 전투로 이탈리아 원정에 나섰다. 프랑스에서 이탈리아로 공격해 들어가려면 지중해 연안의 해안 도로로 따라가야 했지만, 그 길은 이미 오스트리아군에 의해 봉쇄되어 정면으로 부딪치지 않을 수가 없었다. 유일한 대안은 프랑스와 이탈리아를 갈라놓고 있는 알프스 산맥을 넘는 거였다. 무거운 포를 분해해 험준한 알프스 산맥을 넘는 프랑스군과 나폴레옹을 그린 자크-루이 다비드의 이 그림은 사실 정치적 선전을 목적으로 한 과장의 산물이었다. 실제로 나폴레옹은 백마가 아니라 볼품 없는 노새를 타고 넘었다.

Canister shot은 프랑스군 보병을 볼링 핀처럼 쓰러뜨렸다. 프랑스군이 거의 붕괴하기 일보 직전, 빅토르Claude Victor가 지휘하는 6,000명의 1개 군단이 용케 도착하면서 전세를 안정시키자 오스트리아군은 후퇴했다. 몬테벨로 전투에서 프랑스군과 오스트리아군은 각각 3,000명과 4,275명의 손실을 봤다.

이어 6월 14일의 마렝고 전투Battle of Marengo에서 나폴레옹은 1만 8,000명의 병력에 15문의 포로 멜라스 휘하의 3만 1,000명의 병력과 100문의 포를 상대해야 했다. 병력상 열세임에도 불구하고 전황

을 잘못 판단하여 그 전날 부대를 셋으로 나누는 치명적인 실수를 범한 탓이었다. 집정관 근위대까지 투입되어 분전했지만 역시 병력의 부족, 특히 포 화력의 부족은 극복하기 어려웠다. 전투 개시 후 9시간째인 오후 5시, 북쪽으로 갔던 코르누Jean François Cornu de La Poype 휘하의 3,500명은 감감무소식이었지만, 남쪽으로 갔던 드제Louis Charles Antoine Desaix 휘하의 6,000명이 9문의 포와 함께 마렝고에 나타났다. 이때, 창피했던 나폴레옹이 드제에게 전황에 대해 물었을 때 드제가 했다는 말이 걸작이다.

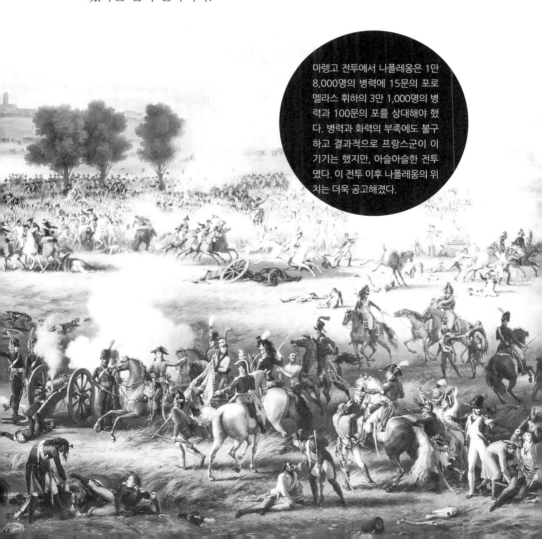

마렝고 전투에서 나폴레옹은 1만 8,000명의 병력에 15문의 포로 멜라스 휘하의 3만 1,000명의 병력과 100문의 포를 상대해야 했다. 병력과 화력의 부족에도 불구하고 결과적으로 프랑스군이 이기기는 했지만, 아슬아슬한 전투였다. 이 전투 이후 나폴레옹의 위치는 더욱 공고해졌다.

"이 전투는 완패로 끝났습니다. 그렇지만 새로운 승리를 거둘 시간은 충분히 남아 있습니다."

결국 마렝고 전투에서 곡절 끝에 프랑스군이 승리했다. 프랑스군의 손실은 5,600명, 오스트리아군의 손실은 6,000명이었고 8,000명이 항복하여 포로가 되었다. 결과적으로 이기기는 했지만, 아슬아슬한 전투였다. 좀 더 드라마틱한 일로, 앞의 멋진 멘트를 남겼던 드제는 전투의 마지막 순간에 총상을 입고 사망했다.

이 전투 이후 나폴레옹의 위치는 더욱 공고해졌다. 1802년 새로운 헌법에 의해 종신의 제1집정관이 되었고, 1804년 약간 어이없게도 스스로 황제의 지위에 올랐다. 혁명의 지지자로 그간 나폴레옹을 흠모해왔던 작곡가 베토벤Ludwig van Beethoven은 나폴레옹의 황제 등극을 보고 크게 실망하여 자신이 작곡한 교향곡 3번 '영웅'의 나폴레옹에 대한 헌정을 취소해버릴 정도였다. 나폴레옹의 변은 이랬다. "내가 황제의 지위에 오르면 왕정으로 돌아가자는 왕당파의 주장이 힘을 얻지 못할 것이다"는 거였다.

하지만 당연하게도 구체제의 유럽동맹군들은 스스로 황제가 된 나폴레옹을 인정할 마음이 없었다. 남은 것은 무력 대결뿐이었다. 그리하여 그는 '라 그랑 아르메La Grande Armée', 즉 이른바 '위대한 육군'이라는 프랑스 국민군을 편성했다. 그리고 나폴레옹 휘하의 프랑스 국민군은 영국의 해군을 상대하는 게 아니라면 적어도 유럽 대륙 내에서는 가는 곳마다 승승장구했다.

1805년 9월부터 10월까지 벌어진 울름 전투Battle of Ulm에서 21만 명의 나폴레옹군은 마크Karl Mack von Leiberich 장군이 지휘하는 7만 2,000

명의 오스트리아군을 포위해 분쇄시켰다. 단 2,000명의 손실만 입으면서 6,000명을 죽이고 5만 4,000명을 포로로 잡는 압도적인 승리였다. 반면, 12월에 벌어진 아우스터리츠 전투Battle of Austerlitz에서는 157문의 포와 6만 7,000명의 병력으로 318문의 포와 8만 5,400명으로 구성된 오스트리아와 러시아의 연합군을 상대해야 했다. 포 화력과 병력에서 모두 열세였기 때문에 나폴레옹으로서도 승리를 장담할 수는 없었다. 그럼에도 불구하고, 8,245명의 손실을 본 프랑스군은 동맹군에 1만 6,000명의 사상자와 2만 명의 포로를 잡아 다시한 번 압승을 거뒀다.

1806년 10월에는 프로이센을 상대로 전투가 벌어졌다. 예나 전투Battle of Jena에서는 4만 명의 프랑스군이 6만 명의 프로이센군을 상대해서 7,500명 대 1만 명이라는 손실교환비를 거두며 승리했다. 곧이어 벌어진 아우어슈테트 전투Battle of Auerstedt에서는 더욱 놀라운 전과를 거뒀다. 6만 500명의 프로이센군에 비해 반도 안 되는 병력인 2만 7,000명으로 7,420명 대 1만 3,000명이라는 손실교환비를 거둬 온 유럽을 놀라게 했다.

계속되는 승리에는 이유가 있었다. 나폴레옹은 징병제를 통해 유럽 전체를 상대로 전쟁을 벌일 수 있을 정도의 충분한 병력을 확보했다. 그리고 병사들 또한 '위대한 국가 프랑스'에 대한 자부심과 애국심으로 똘똘 뭉쳤다. 전쟁에서 놀라운 승리를 가져오는 나폴레옹의 지휘 능력에 대한 무한한 신뢰도 여기에 한몫했다. 게다가 전투에서 공을 세우면 신분에 관계 없이 승진할 수 있었다. 실제로 당시 프랑스군의 장군과 장교들 중 상당수는 귀족이 아닌 평민들로 구성되었다.

하지만 1807년부터 만만치 않은 상대인 러시아군을 상대하게 되었다. 2월의 아일라우 전투Battle of Eylau에서는 전술적으로 이기기는 했지만, 쉽지 않은 전투였다. 200문의 포와 7만 5,000명의 프랑스군은 460문의 포와 7만 6,000명의 러시아-프로이센 동맹군을 상대로 1만 5,000명 대 2만 명의 치열한 손실교환비에 그쳤다. 반면, 6월의 프리틀란트 전투Battle of Friedland에서는 118문의 포와 6만 명으로 120문의 포와 8만 명의 러시아군에 대해 9,000명 대 3만 명이라는 손실교환비를 거두면서 승리를 거뒀다.

그러나 구체제 동맹국들은 프랑스에 대한 포위 압박을 쉽게 포기하지 않았다. 1809년 4월 에크뮐 전투Battle of Eckmühl에서 오스트리아군은 패배했지만, 5월 아스페른-에슬링 전투Battle of Aspern-Essling에서는 나폴레옹이 직접 지휘하는 프랑스군에 막대한 인명피해를 입혔다. 각각 15만 명이 넘는 병력을 동원한 6월의 바그람 전투Battle of Wagram에서는 나폴레옹이 이기기는 했지만, 3만 1,000명을 잃으면서 3만 5,000명을 잃게 하는 데 그칠 정도로 프랑스군의 피해도 컸다. 그래도 이 전투 후 오스트리아는 불리한 조건으로 프랑스와 휴전 협정을 맺었다.

이제, 나폴레옹의 주된 관심사는 점점 러시아 제국으로 향해가고 있었다. 힘이 약해진 오스트리아가 당분간 나폴레옹에게 직접 대적해올 리는 없었고, 네덜란드에서 제2전선을 구축하려던 영국의 시도는 제풀에 막을 내렸다. 적어도 유럽 대륙 내에서 이제 직접적인 위협이 될 수 있는 나라는 러시아 하나만 남았다. 궁극적으로 영국을 굴복시키길 원했던 나폴레옹으로서는 러시아와 영국이 점점 가까워지는 모습을 참을 수가 없었다.

1812년 6월 24일 휘하 장군들의 많은 반대를 무릅쓰고 나폴레옹은 러시아 원정에 나섰다. 이를 위해 그랑 아르메는 45만 명이 넘는 엄청난 규모로까지 커졌다. 과연 나폴레옹의 러시아 원정은 성공할 수 있을까?

CHAPTER 12
왕들의 최후의 수단, 포와 포병

● 태양왕이라는 호칭을 갖고 있던 프랑스의 루이 14세^{Louis XIV}는 자국 군대의 포에 'ultima ratio regum'이라는 라틴어 문구를 모두 새기도록 했다. 그 의미는 '왕들의 최후의 수단'으로, 국내의 반란을 진압할 때나 적국의 군대를 상대할 때 포가 갖는 중요성을 함축적으로 표현한 거였다.

뭐라 해도 결국 전투를 궁극적으로 좌우하는 것은 포와 포병이라는 생각은 비단 루이 14세만의 전유물은 아니다. 포병 황제 나폴레옹은 "신은 최고의 포병을 가진 군대 편이다"라는 말을 남겼고, 스탈린은 "포병이 전쟁의 신이다"라는 말을 했으며, 앞에 잠깐 나왔던 존 풀러는 "포병이 물리치고 나면 보병은 그냥 점령할 뿐이다"라는 말을 남겼다. 21세기에 접어든 지금도 지상전에서 이 말들은 결코 과장이 아니다.

●●● 프랑스의 태양왕 루이 14세 당시 '왕들의 최후의 수단'이라는 뜻의 라틴어 문구 'ultima ratio regum'가 새겨진 포. 〈사진: Wikimedia Commons CC-BY-SA 3.0 / Kadin2048〉

현재 포라고 칭해지는 것들은 보면 크게 2가지의 역사적 갈래에서 유래되었다. 하나는 야전포^{field gun}, 다른 하나는 공성포^{siege gun}다. 보통 야전포를 야포라는 이름으로 번역을 하지만, 여기서 field의 의미는 battle field, 즉 전장^{戰場}을 의미하며, 그런 면에서 야전포라는 이름이 좀 더 적절한 번역이 아닐까 싶다.

야전포와 공성포의 구별이 의미가 있는 이유는 목적이 다르고, 또 그에 따라 다른 특징을 가졌기 때문이다. 초기의 야전포는 상대방 보병 방진을 향해 직사로 철포탄을 날리는 무기로 야전포는 캐논^{cannon}이라는 이름으로도 불렸다. 즉, 필드 건과 캐논은 서로 대체하여 사용할 수 있는 단어였다. 그렇게 발사된 둥근 철포탄은 밀집대형을 관통하여 동시에 여러 명을 죽거나 다치게 할 정도의 운동량이 필요했다. 따라서 포구 속도가 높아야 했고, 동시에 정확도도 높일 필요가 있었다. 그렇게 하려면 포신을 길게 만들어 구경장을 높이는 것이 유일한 해결책이었다.

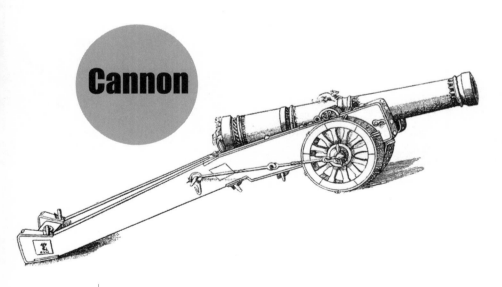

Cannon

반면, 공성포는 달랐다. 공성포라고 하면 보통은 돌로 된 성벽이나 요새를 부수는 것으로 생각하기 쉽지만, 좀 더 엄밀하게는 성벽 자체가 아니라 성 안쪽에 있는 기물들에 피해를 입히는 것을 목표로 했다. 정확도나 포구 속도는 떨어져도 무겁고 큰 돌멩이들을 상당한 사각으로 날릴 필요가 있었다. 그러려면 포의 구경은 키우고 포신은 짧게 하는 게 유리했다. 높은 사각으로 발사된 중량물은 자

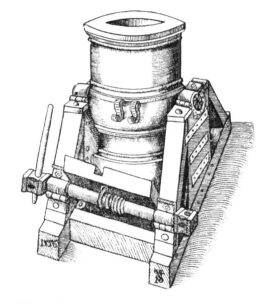

유낙하로 인한 운동량으로 적의 시설을 부쉈다. 모르타르^{mortar}라고 불렸던 구경장이 10 미만인 포들이 대표적인 공성포로서, 일본에서는 포탄이 절구공이와 같이 떨어진다 하여 절구포, 즉, 구포^{臼砲}라고도 불렀다.

그런데 17세기에 들어서 조금 이상한 포가 등장했다. 호위처^{howitzer}라고 불리는 포로, 원래의 의미는 15세기 종교전쟁에서 얀 후스를 따르는 사람들이 사용하는 포라는 뜻이었다. 호위처는 한마디로 값싼 포였다. 캐논의 파괴력을 높이려면 구경과 구경장을 키워야 했는데, 그러려면 포신도 두꺼워져야 했고 발사 장약도 많이 필요했

다. 그만큼 가격도 올라가고 폭발 사고도 많았다. 그래서 장약을 줄이고 포신을 짧게 하는 대신 포에 양각을 주어 줄어든 사정거리를 벌충하려는 시도에서 호위처가 탄생했다.

그런데 막상 그렇게 하고 보니 장점이 한두 가지가 아니었다. 적은 양의 화약으로 포탄을 날리다 보니 포의 반동이 대폭 줄었다. 사실 포의 반동은 17세기까지만 해도 포병들의 가장 큰 골칫거리였다. 기껏 조준해놓아도 한 발 쏘고 나면 뒤로 제멋대로 밀려가버려서 다시 조준하는 데 많은 시간이 소요됐다. 그리고 반동력을 견디기 위해 튼튼하게 만들수록 포 전체의 무게가 무거워져 다루기 어렵고 끌고 다니기 힘든 문제도 어느 정도 해결이 가능했다.

또한 포구 압력이 낮아지다 보니, 포탄 자체의 두께를 얇게 만들 수 있어 명중 시의 비산 효과가 저절로 커지는 장점도 생겼다. 이러한 호위처는 17세기 스웨덴의 왕 구스타브 아돌프Gustav Adolf의 3파운드 연대포를 기점으로 유럽 각국의 군대에 점점 보편적으로 채용되었다. 오늘날 우리는 호위처를 곡사포라는 이름으로 부르며, 통상 포병대 그러면 호위처로 무장된 부대를 가리킨다. 반면, 원래의 야전포, 즉 캐논은 점점 사라져 현재는 고속의 운동량을 필요로 하는 전차의 주포, 대전차포, 혹은 대공포 등으로만 명맥을 유지하고 있다.

여기에 더해 이미 지저분해진 포의 명칭과 구별법을 더 어지럽히게 된 물건이 제1차 세계대전 중에 등장했다. 영국의 토목 엔지니어였던 윌프레드 스토크스Wilfred Stokes가 만든 이른바 스토크스식 구포Stokes mortar 혹은 참호 구포다. 진지전으로 변해버린 서부전선에서 직사화기인 캐논은 참호에 웅크리고 있는 적 보병에게 거의 무용지물

Stokes mortar

●●● 제1차 세계대전 당시 등장한 스토크스식 구포는 영국의 토목 엔지니어 윌프레드 스토크스가 만든 참호 구포로, 진지전으로 변해버린 서부전선에서 직사화기인 캐논이 참호에 웅크리고 있는 적 보병에게 거의 무용지물이 되자, 보병들은 소총보다 위력이 큰 화력을 열망했고, 그런 필요에 대응하여 만들어진 것이다. 구조가 단순하고 분해하면 보병 3명이 가뿐하게 들고 다닐 수 있으며, 거의 수직에 가까운 사각을 통해 적 참호에 숨어 있는 보병들 머리 위로 파편을 흩뿌릴 수 있는 특징을 지닌 스토크스식 구포는 오늘날 우리가 박격포라고 부르는 포의 원형이다.

에 가까웠다. 그리고 보병이 필요로 하는 적시에 이미 전략무기화되어버린 중重곡사포병의 화력 지원을 기대하는 건 무리였다. 하지만 여전히 보병들은 자신들을 지원해줄 소총보다 위력이 큰 화력을 열망했다. 그런 필요에 대응하여 만들어진 것이 바로 스토크스식 구포였다.

우선 스토크스식 구포는 구조가 워낙 단순하여 분해하면 보병 3명이 가뿐하게 들고 다닐 수 있었다. 캐논이나 호위처에 필수적인 바퀴 달린 포가가 불필요했던 것이다. 그리고 높은 포구속도나 긴 사정거리가 필요치 않아 엔지니어링 관점에서 볼 때 매우 값싸게 만들 수 있었다. 당시 스토크스식 구포의 양산은 기술 수준이 낮은 주철 공장이면 충분했다. 그리고 결정적으로 거의 수직에 가까운 사각을 통해 적 참호에 숨어 있는 보병들 머리 위로 파편을 흩뿌릴 수 있는 특징을 지녔다. 이게 오늘날 우리가 박격포라고 부르는 포의 원형이다.

이제 그러면 포탄의 살상 메커니즘에 대해 얘기해보자. 처음에는 돌로 만든 구형 포탄, 15세기부터는 주철로 만든 구형 포탄이 직접 부딪쳐 피해를 입히는 방식이었다. 이러한 방식의 포탄의 대^對보병 살상력은 사실 제한적일 수밖에 없었다. 아무리 강력한 운동량으로 포탄을 날릴지라도 적의 보병이 한 줄의 횡대로 서 있게 되면 고작 한 명의 병사를 즉사시키는 게 전부였기 때문이다. 또 실제로 아퀴버스나 머스킷으로 무장한 보병들의 대형은 캐논의 살상력에 대응하기 위해 점점 얇아졌다.

17세기에 들어서 여러 종류의 새로운 포탄이 도입되면서 포의 대보병 살상력이 대폭 증대됐다. 첫 번째 종류는 포도탄^{Grapeshot}으로, 공처럼 생긴 작은 포탄 다수가 포구로부터 비산해서 날아가는 포탄이었다. 캐논에서 포도탄을 발사하는 건 규모가 큰 일종의 산탄총을 쏜다고 생각하면 무리가 없다. 두 번째 종류는 캐니스터 탄^{Canister shot}으로, 포도탄의 개별 포탄보다 더 작은 쇠구슬로 내부를 가득 채

17C _

Grapeshot

● 포도탄: 공처럼 생긴 작은 포탄 다수가 포구로부터 비산해서 날아가는 포탄

Canister shot

● 캐니스터 탄: 포도탄의 개별 포탄보다 더 작은 쇠구슬로 내부를 가득 채운 원통형 포탄.
각각의 쇠구슬은 포도탄의 개별 포탄보다 살상력이 떨어졌지만,
다수의 보병에 피해를 입히는 면에서는 훨씬 더 효과적이었다.

Case shot

● 케이스 탄: 공 모양의 포탄 안에 화약과 쇠구슬이 들어 있어,
목표물 충돌 시 포탄 외피의 파편과 쇠구슬 등이 동시에 쏟아지는 포탄.

19C _

Shrapnel shell

● 쉬라프넬 탄(유산탄): 다수의 쇠구슬이 내부에 충전되어 있는 면에서는 캐니스터 탄과 유사했다.
하지만 미리 정해놓은 시간 후에 터지는 시한신관을 장착, 그 폭발력을 이용해
공중에서 쇠구슬들이 좀 더 넓게 퍼지도록 했다는 점이 달랐다.
좀 더 원거리에서 포격할 때는 쉬라프넬 탄을,
그리고 보다 근거리에서는 캐니스터 탄을 쏘는 게 일반적이었다.

20C _

High-explosive shell

● 고폭탄: 높은 폭발력을 지닌 화약만으로 포탄 내부를 가득 채운 원통형 포탄.
구조가 매우 단순하다. 고폭탄은 호위처와 좋은 궁합을 보여주는데, 고폭탄의 얇은 포탄 외피는
폭발 시 찢어지듯 산산조각이 나 인마 살상에 훨씬 더 효과적이기 때문이다.

운 원통형 포탄이었다. 각각의 쇠구슬은 포도탄의 개별 포탄보다 살상력이 떨어졌지만, 다수의 보병에 피해를 입히는 면에서는 훨씬 더 효과적이었다. 캐니스터 탄은 산탄이라는 이름으로도 불렸다. 세 번째 종류는 케이스 탄Case shot으로, 공 모양의 포탄 안에 화약과 쇠구슬이 들어 있어, 목표물 충돌 시 포탄 외피의 파편과 쇠구슬 등이 동시에 쏟아지는 포탄이었다.

그래서 17, 18세기의 포병은 누구를 목표로 하느냐에 따라 다양한 포탄을 골라서 사용하게 되었다. 가령, 적의 포병을 먼저 제압하기 위한 대對포병사격을 할 때는 사정거리가 긴 공 모양의 철환이나 케이스 탄을 발사하고, 적의 보병이나 기병을 공격할 때는 포도탄이나 캐니스터 탄을 발사했다.

19세기에는 쉬라프넬 탄Shrapnel shell 혹은 유산탄이라고 부르는 포탄이 새로 영국에서 개발됐다. 쉬라프넬 탄은 다수의 쇠구슬이 내부에 충진되어 있는 면에서는 캐니스터 탄과 유사했다. 하지만 미리 정해 놓은 시간 후에 터지는 시한신관을 장착, 그 폭발력을 이용해 공중에서 쇠구슬들이 좀 더 넓게 퍼지도록 했다는 점이 달랐다. 좀 더 원거리에서 포격할 때는 쉬라프넬 탄을, 그리고 보다 근거리에서는 캐니스터 탄을 쏘는 게 일반적인 사용법이었다.

그러다, 20세기에 와서는 고폭탄High-explosive shell 하나로 사실상 거의 통일되고 말았다. 고폭탄은 글자 그대로 높은 폭발력을 지닌 화약만으로 포탄 내부를 가득 채운 원통형 포탄으로 구조가 매우 단순하다. 고폭탄은 호위처와 좋은 궁합을 보여주는데, 고폭탄의 얇은 포탄 외피는 폭발 시 찢어지듯 산산조각이 나 인마 살상에 훨씬 더 효과적이기 때문이다. 사람을 사망시키는 데에 200줄^{joule}, 부상을 입히는 데에 70줄 정도의 운동에너지면 충분하기에 고폭탄 파편의 작은 크기는 문제이기보다는 장점이다.

이러한 포와 포탄의 막강한 위력으로 인해 17세기부터 유럽의 전투는 포병이 좌지우지했다. 급기야 19세기 중반의 미국 남북전쟁 때 북군의 장군이었던 윌리엄 셔먼^{William Sherman}은 1문의 야전포대는 1,000정의 머스킷만큼의 가치가 있다는 말을 남겼다. 보병의 감투 정신만으로 포병의 탄막을 상대하겠다는 건 미친 짓이라는 결론이기도 했다.

1870년 유럽의 양대 육군국인 프랑스와 프로이센이 맞붙은 보불전쟁에서 모두의 예상을 뒤엎고 프랑스가 프로이센에 완패를 당하고 말았다. 나폴레옹 시대 이래로 최강의 명성을 지켜온 보병은 건재했으나, 나폴레옹의 분신과도 같았던 프랑스 포병이 프로이센 포병의 상대가 되지 못했던 탓이었다.

당시 프로이센 포병은 크루프^{Krupp} 사가 제작한 6파운드 후장식 강선포를 채용한 반면, 이에 맞서는 프랑스 포병은 4파운드 전장식 포였다. 전장식보다 후장식의 포가 연속 발사라는 면에서 훨씬 유리했고, 포구 압력도 높일 수 있어서 사정거리도 더 멀었다. 가령, 유산탄을 쏠 경우 프로이센 포병은 3,800미터까지 보낼 수 있는 반면, 프랑스 포병은 2,000미터에 그쳤다.

그에 더해 프로이센 포병은 포대의 전진 배치, 집단 운용, 적극적인 대^對포병전 전개라는 교리를 개발하여 위력을 더했다. 가령, 프랑스 포병은 사거리가 짧은 데다가 신관에도 기술적인 문제가 적지 않아 속이 쇠로 꽉 차 있는 철 포환을 주로 쐈다. 그러다 보니 프로이센 포병으로서는 프랑스 포병의 포격이 별로 두렵지가 않았다. 사거리에서 앞서는 데다가 밀집하여 포대를 구성하더라도 크게 피해를 볼 걱정이 없었기 때문이었다. 야전에서 프랑스 포대가 발견되면 적극적으로 대對포병전을 벌여 적의 포병 전력을 꺾어놓았다. 적의 포병에 대한 포격을 우선시하는 건 사실 나폴레옹이 강조한 전술이기도 했다.

그리고 상대적으로 보병 전력에서는 열세였기 때문에 프랑스 포병을 분쇄하고 나면 프로이센 포병은 전진하여 보병을 근접 지원했다. 물론, 이렇게 되면 사정거리가 긴 프랑스 보병의 소총에 의해 직접 프로이센 포병이 피해를 입을 가능성이 높았고, 또 실제로도 적지 않은 피해를 입었다. 그럼에도 불구하고 프로이센군은 포병이 보병을 엄호하고, 또 보병은 포병을 엄호하는 유기적 관계를 중요시했다.

나폴레옹 시절 이래로 유럽 최고의 포병을 보유하고 있다고 자부했던 프랑스는 보불전쟁에서 완패를 당하자 큰 충격을 받았다. 그러나 이대로 물러설 프랑스가 아니었다. 패전의 교훈을 발판으로 당대 최고라고 할 수 있는 신형 속사포를 개발해낸 것이다. 이른바 75밀리미터 구경의 슈나이더 속사포다.

당대의 포의 가장 큰 문제점은 바로 포 발사 시의 반동이었다. 한번 발사하고 나면 뒤로 제멋대로 수 미터 이상 굴러가곤 했다. 이를 해결하기 위해 슈나이더 속사포에는 새로 개발된 유압식 주퇴복좌기를 도입해 반동 문제를 해결했다. 더 이상 뒤로 굴러간 포를 제자리에 갖다 놓느라고 포병들이 힘을 쓸 필요가 없어진 것이다. 슈나이더 속사포는 분당 20발의 발사가 가능하여, 당시 독일의 주력 77 밀리미터 구경 야전포의 분당 6발에서 8발의 발사속도를 완전히 압도했다.

주퇴복좌기의 도입으로 속사포의 시대가 도래하자, 이제 포병은 좀 더 보병과 밀착하여 전진하는 존재가 되었다. 그만큼 포병이 피해를 볼 일도 많아졌다. 적군 보병의 소총 사격으로부터 무방비로 당하는 것을 막기 위해 포 앞에 포 방패를 달기 시작한 것도 이때부터였다.

이후 포병을 운용하는 사상과 철학은 나라마다 제각기 다른 방향으로 발전해나갔다. 프랑스는 개별 포대의 규모를 줄이고 좀 더 전선에 접근하여 적 보병을 제압한다는 개념을 정립했다. 그리고 프랑스에서 포병 장교는 나폴레옹 때처럼 남다른 수학적 능력과 전문성으로 무장한 최고의 엘리트들이었다. 프랑스 포병 장교의 수준을 단적으로 알아볼 수 있는 증거는 바로 에콜 폴리테크닉^{École Polytechnique}이다.

에콜 폴리테크닉은 1794년에 세워진 학교로, 에콜 노르말 쉬페리외르^{École normale supérieure}와 더불어 프랑스 엘리트 교육 시스템의 정점에 있는 두 학교 중 하나다. 프랑스 전체에서 가장 뛰어난 학생들만 갈 수 있는 학교로 요즘 기준으로 매년 400명 정도만 입학이 가능하다. 포병의 중요성을 누구보다도 잘 인식했던 나폴레옹은 황제가 되자마자 이러한 에콜 폴리테크닉을 프랑스 제일의 군사학교로 바꿔버렸다. 그러한 학교의 졸업생들이 프랑스 포병 장교가 되었으니 똑똑함 면에서는 이들을 당해낼 포병 부대는 어디에도 없었다.

하지만 이러한 엘리트들로 구성된 탓인지 전술적 상황의 변화에 따라 유연하게 대처하는 능력은 전반적으로 부족하다는 게 프랑스 포병의 특징이기도 했다. 포병의 하위 제대가 자율권을 갖고 있지 못한 탓에 보병과의 유기적 협동 능력은 갈수록 퇴보하게 되었다. 사전에 준비해놓은 작전 계획과 사문화된 교리에 필요 이상으로 집착하는 관료화된 조직으로 변해갔던 것이다. 나폴레옹이 다시 태어나 이러한 변화를 알게 되었다면 크게 안타까워했으리라.

프랑스 포병과 좋은 대조를 이루는 포병은 바로 독일 포병이다. 독일 포병 장교는 프랑스 포병 장교들처럼 전문적인 수학 지식으로 무장한 엘리트들은 아니었다. 하지만 오랜 군 생활을 통해 언제 어디를 공격해야 가장 효과적일지를 아는 군인들이 독일 포병 장교들이었다. 하위 제대의 독자적인 판단을 언제나 중시하고, 현장 하급 지휘관의 즉흥적이고 유연한 지휘를 제한하면 안 된다는 독일군 고유의 사상이 독일 포병에서도 잘 나타났던 것이다.

아무튼 프랑스 포병이든 독일 포병이든 가능하다면 상대방 포병을 먼저 제거해야 한다는 생각은 공통적으로 갖고 있었다. 혹여 이를 게을리했다가 아군 포병이 풍비박산 나면, 아군 보병은 적 포병의 밥이 될 뿐이기 때문이었다. 이러한 사상을 채용하지 않은 어쩌면 유일한 예외는 영국 포병뿐이었다. 영국 포병은 보병에 완전히 종속된 병과로 아군 보병의 전진을 방해하는 요소를 첫 번째 공격 목표로 삼았다. 이 말은 적군의 대(對)포병 사격을 얻어맞아 전멸당하더라도 아군 보병이 적 전선을 돌파하면 괜찮다고 본다는 뜻이었다.

미국 포병은 꽤 흥미로운 특징을 갖고 있다. 원래는 프랑스 포병

James Alward Van Fleet

●●● 미국 포병의 물량과 집중의 힘은 6·25전쟁 때 미8군 사령관이었던 밴 플리트(사진)의 이른바 '밴 플리트 탄약량'에서 잘 드러난다. 중공군 개입 이후 와해됐던 전선을 회복하고 수적 열세를 극복하려면 포병 화력을 극한까지 끌어올려야 한다고 밴 플리트는 생각했다. 그리하여 미 육군 규정의 일일 최대 포탄 사용량을 5배 이상 초과하는 엄청난 화력을 퍼부어 중공군의 공세를 저지했던 것이다. 이러한 결정으로 인해 한때 그는 본국 소환까지 당할 처지에 놓이기도 했다. 규정 위반이라는 이유로 말이다.

의 사상과 교리를 그대로 채용해왔는데, 프랑스 방식이 가진 문제점을 깨닫고는 나중에 독일 방식을 전면적으로 도입했다. 하지만 이전의 프랑스 혈통이 하루아침에 사라지는 건 아니다 보니, 결과적으로 묘한 비빔밥 같은 포병이 되어버린 것이다. 특히, 미국 포병은 무시무시한 화력 집중과 물량전의 대가로서, 깔끔함을 추구하는 독일 포병이 꺼려 하는 이른바 준비사격도 즐겨 했다.

이러한 미국 포병의 물량과 집중의 힘은 6·25전쟁 때 미8군 사령관이었던 밴 플리트James Alward Van Fleet의 이른바 '밴 플리트 탄약량'에서 잘 드러난다. 중공군 개입 이후 와해됐던 전선을 회복하고 수적 열세를 극복하려면 포병 화력을 극한까지 끌어올려야 한다고 밴 플리트는 생각했다. 그리하여 미 육군 규정의 일일 최대 포탄 사용량을 5배 이상 초과하는 엄청난 화력을 퍼부어 중공군의 공세를 저지했던 것이다. 이러한 결정으로 인해 한때 그는 본국 소환까지 당할 처지에 놓이기도 했다. 규정 위반이라는 이유로 말이다.

나폴레옹 이래로 정립된 포병의 제일 목표는 적 포병이라는 것은 지금까지도 크게 달라지지 않았다. 예전에는 포탄이 터진 흔적을 보고 적 포병의 위치를 대략 추정하는 방식으로 대對포병전을 벌였다면, 요즘은 대對포병 레이더를 통해 상대방 포탄의 궤적을 즉시 감지하여 적 포대의 위치를 정확하게 알 수 있다. 현대전에서도 대對포병전은 굉장히 큰 중요성을 갖는다.

왜냐하면, 포병은 전장을 지배하는 절대자이기 때문이다.

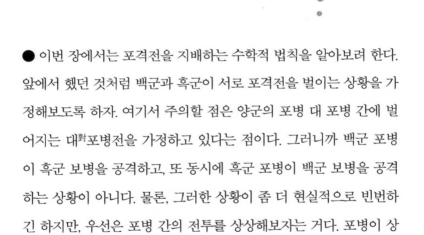

CHAPTER 13
포격전에 대한 수학적 이론

● 이번 장에서는 포격전을 지배하는 수학적 법칙을 알아보려 한다. 앞에서 했던 것처럼 백군과 흑군이 서로 포격전을 벌이는 상황을 가정해보도록 하자. 여기서 주의할 점은 양군의 포병 대 포병 간에 벌어지는 대對포병전을 가정하고 있다는 점이다. 그러니까 백군 포병이 흑군 보병을 공격하고, 또 동시에 흑군 포병이 백군 보병을 공격하는 상황이 아니다. 물론, 그러한 상황이 좀 더 현실적으로 빈번하긴 하지만, 우선은 포병 간의 전투를 상상해보자는 거다. 포병이 상대방 보병을 공격하는 경우에 대한 수학적 모델은 이번 장을 마치고 나면 쉽게 구할 수 있다.

  내가 백군 포병이라고 할 때, 내가 입게 되는 손실은 어떠한 특성을 가질까? 우선, 흑군 포병의 전투력을 나타내는 어떠한 상수에 비례할 거라는 짐작을 해볼 수 있다. 그 다음으로 흑군 포의 수량에 따라 내 손실이 비례적으로 증가한다는 가정을 해볼 수 있다. 1문의 포로 공격받는 것보다는 2문의 포로 공격받는 쪽이, 또 2문의 포로 공격받는 것보다는 3문의 포로 공격받는 쪽이 더 피해가 크리라는 건 충분히 합리적이다. 여기까지는 앞의 9장에서 한 논의와 다를 바 없다.

그러면 포격전은 원거리 사격전과 동일한 걸까? 곰곰이 생각해보면 그렇지 않다는 생각이 든다. 왜 동일하지 않은지를 잘 볼 수 있는 다음과 같은 상황을 상상해보자. 모든 조건은 동일한데, 다만 아군 포, 즉 아군 포병의 수만 차이가 있는 거다. 첫 번째 상황에서는 반경 10미터 이내의 지역에 아군 2개 포대가 자리 잡고 있고, 두 번째 상황에서는 반경 10미터 이내의 지역에 4개 포대가 자리 잡고 있다. 아군을 공격하는 적 포병의 화력이 동일하다고 할 때, 아군 포병이 입는 손실은 분명히 다를 것 같다. 같은 지역 내에 더 많은 수의 포가 위치할수록 손실이 비례해서 커질 거라는 가정은 충분히 있을 법한 가정이다.

포격전에서 아군의 손실이 아군 병력에 비례하는 이유는 바로 포탄의 살상 원리 때문이다. 포탄은 직접적으로 명중되지 않더라도 상대방을 해칠 수 있다. 가령, 구경 155밀리미터인 곡사포의 경우 살상반경이 대략 50미터에 달한다. 살상반경이 50미터라는 말은 포탄이 명중한 지점을 중심으로 하여 반경 50미터 이내에 있는 사람들은 웬만하면 죽거나 다친다는 뜻이다.

물론, 포탄의 폭발력이라고 하는 게 전적으로 균일할 수는 없기 때문에 명중 지점에 가까운데 멀쩡히 살기도 하고, 더 멀지만 크게 다치기도 한다. 포탄의 궤적에 평행한 방향이냐 아니면 수직한 방향이냐에 따라 달라지는 측면도 있다. 아무튼 일정한 면적에 대해 피해를 입히는 식이기 때문에 아군의 수가 많을수록 피해가 커지게 된다.

지금까지의 논의를 하나의 수식으로 정리하면 다음과 같은 식을 얻을 수 있다.

$$dW = -\beta BW dt \qquad (13.1)$$

$$dB = -\omega WB dt \qquad (13.2)$$

식 (13.1)을 풀어서 설명하면 다음과 같다. 단위 시간당 백군의 손실 규모는 흑군의 전투력 상수, 흑군의 병력, 그리고 백군의 병력, 이 세 가지 모두에 비례한다는 뜻이다. 다시 말해, 흑군 포병의 전투력이 강할수록, 흑군 포의 수량이 많을수록, 그리고 약간은 아이러니한 일이지만 백군 포의 수량이 많을수록 백군의 손실이 그에 따라 커진다는 얘기다. 마찬가지로, 백군 포의 위력이 뛰어나거나 혹은 백군 포병의 전투력이 뛰어날수록, 백군 포의 수량이 많을수록, 그리고 흑군 포의 수량이 많을수록 흑군의 피해 또한 커진다는 게 식 (13.2)다.

식 (13.1)과 식 (13.2)를 정리하여 풀면, 다음과 같은 결과를 얻을 수 있다.

$$W(t) = \frac{-W(0)(k-1)e^{-\omega W(0)(k-1)t}}{e^{-\omega W(0)(k-1)t} - k} \qquad (13.3)$$

$$B(t) = \frac{-B(0)(k-1)}{e^{-\omega W(0)(k-1)t} - k} \qquad (13.4)$$

$$k = \frac{\beta B(0)}{\omega W(0)} \qquad (13.5)$$

식 (13.3)과 식 (13.4)는 시간의 변화에 따른 백군 병력의 변화와 흑군 병력의 변화를 나타낸 식으로, 앞의 원거리 사격전과 근접육탄전의 식과 전혀 다르다. 이들은 백군과 흑군의 전투력 상수인 오메가(ω)와 베타(β)를 비롯하여 전투 전의 병력 규모, 그리고 k라고 하는 상수의 함수로 표현되어 있다. k는 식 (13.5)에 정의되어 있는데, 그 의미는 백군에 대한 흑군의 초기 전투력 비율이다. 왜냐하면 k의 분모는 백군의 초기 병력에 백군의 전투력 상수를 곱한 값이고, k의 분자는 흑군의 초기 병력에 흑군의 전투력 상수를 곱한 값이기 때문이다.

앞에서와 마찬가지로 구체적인 예제에 대해 시간의 변화에 따른 양군 병력의 변화를 알아보자. 백군 포병은 100문의 포를 갖고 있고 흑군 포병은 150문의 포를 갖고 있다고 가정하자. 그리고 근접육탄전과 원거리 사격전에서 가정했던 4:3의 전투력 비율과 동일하도록 백군 포병의 전투력 상수는 0.008, 흑군 포병의 전투력 상수는 0.006이라고 하자.

이러한 조건에 대해 식 (13.3)과 식 (13.4)를 그린 결과가 〈그림 13.1〉이다. 한눈에 확인할 수 있듯이 양군의 병력이 줄어드는 모양새가 앞의 원거리 사격전과 근접육탄전과 사뭇 다르다. 근접육탄전에서 양군의 병력은 선형적으로, 즉 일직선으로 변화되었고, 원거리 사격전의 경우 약간의 비선형성, 즉 병력이 줄어드는 정도가 완만하게 굽은 곡선으로 표현되었던 반면, 이번 포격전의 경우 초반에 굉장히 급속도로 감소하다가 시간이 지나면 완만하게 감소하는 양상이다. 다시 말해, 비선형성이 좀 더 강하게 나타난다고 볼 수 있다.

승패에 관해서 얘기하자면, 원래 병력이 많았던 흑군 포병이 백군 포병에 승리를 거두는 상황이다. 승리를 거두긴 했지만 흑군도 적지 않은 피해를 입어야 했다. 백군 포병을 모두 전멸시켰을 때의 잔존 병력은 18문에 불과하여, 88%라는 손실을 각오해야 한다. 초기 총전투력 비율을 나타내는 k가 이 경우 1.125로 흑군의 총전투력이 백군의 총전투력을 앞서는 상황이었음을 기억해두자.

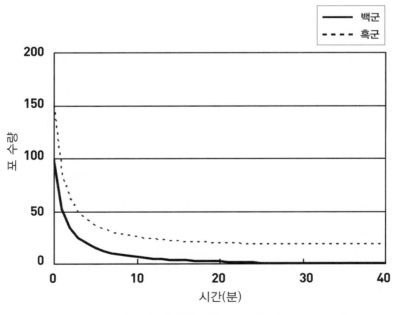

〈그림 13.1〉 백군과 흑군 포 수량의 변화

이제 백군의 전투력 상수를 0.008에서 0.01로 올려보자. 이렇게 되면 백군과 흑군의 전투력 상수 비율은 앞의 9장과 4장에서 검토했던 것과 같은 5:3이 된다. 〈그림 13.2〉에 나와 있듯이 이때는 백군이 자신들의 부족한 병력을 극복하고 결국 승리를 거둔다. 이 경우의 k를 계산해보면 0.9가 나오며, 이 말은 초기 총전투력 관점에서 백군이 흑군보다 우세했다는 얘기다.

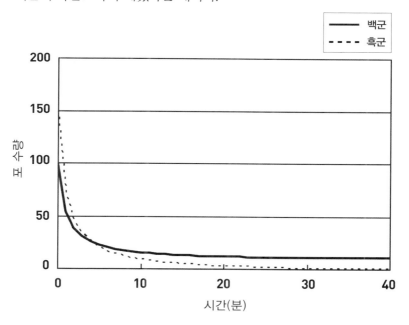

〈그림 13.2〉 백군 포병의 전투력이 흑군 포병 전투력의 5/3배인 경우

초기 병력에 전투력 상수를 곱한 값으로 총전투력을 계산하여 최종적인 승패를 예측할 수 있다는 얘기가 그다지 낯설지 않게 들렸을 것 같다. 바로 근접육탄전의 수학적 법칙을 다룬 4장으로 돌아가 보면 그와 전적으로 동일한 내용이 나온다. 실제로 식 (13.3)과 식

(13.4)를 잘 정리하면 놀랍게도 식 (13.6)을 얻을 수 있다. 왜 놀라운가 하면 이 식은 근접육탄전에 대해 얻었던 식 (4.5)와 전적으로 동일한 식이기 때문이다.

$$\omega\big(W(t)-W(0)\big) = \beta\big(B(t)-B(0)\big) \qquad (13.6)$$

반면, 원거리 사격전의 총전투력은 초기 병력의 제곱에 전투력 상수를 곱하는 것으로 정의되었다. 그러니까 근접육탄전과 포격전의 총전투력은 초기 병력 그 자체에 비례하고, 원거리 사격전의 총전투력은 초기 병력의 제곱에 비례한다고 정리할 수 있다.

이러한 결과는 결코 직관적으로 이해가 되는 내용은 아니다. 가장 이해가 쉬운 경우는 근접육탄전이다. 시간당 일정한 손실을 가정하고 있기 때문에 납득하는 데 별로 어려움이 없다. 원거리 사격전의 제곱 법칙도 그 이유를 설명하기는 쉽지 않지만, 결과 자체는 받아들일 만하다. 멀리서도 사격하여 피해를 입힐 수 있으니 병력의 규모가 더욱 효과를 발휘할 수 있고, 그 결과가 병력의 제곱으로 나타난다는 식으로 말이다. 하지만 포격전에서 다시 선형 법칙이 나타나는 건 결과를 보고서도 여전히 어리둥절하게 만드는 구석이 있다. 그래도 그러한 결과를 부인할 수는 없다. 포격전의 경우 이론상 총전투력은 병력의 제곱이나 혹은 병력의 세제곱에 비례하는 게 아니라 병력 자체에 비례하는 게 사실이다.

포격전을 지배하는 수학적 법칙이 식 (13.6)처럼 표현되기 때문에 이번 장의 내용 또한 란체스터 선형 법칙이라는 이름으로 불린다.

하지만 근접육탄전과는 다른 가정에 기반을 두고 유도되었기에 이를 구별하기 위해 좀 더 정확하게는 란체스터 제2 선형 법칙이라고 부른다. 그러니까 근접육탄전에 대한 수학적 법칙은 란체스터 제1 선형 법칙, 원거리 사격전은 란체스터 제곱 법칙, 그리고 마지막으로 포격전은 란체스터 제2 선형 법칙이라고 부르는 것이다.

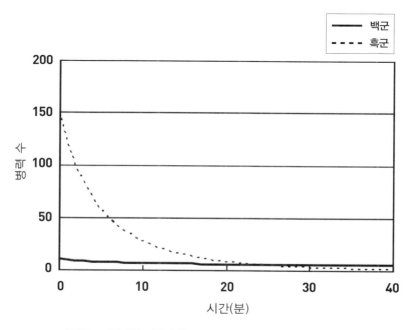

〈그림 13.3〉 백군 포병과 흑군 보병 간의 전투 시 병력의 변화

지금까지의 내용을 조합하는 것만으로도 굉장히 다양한 종류의 전투를 다룰 수 있다. 가령, 백군의 포병이 흑군의 보병을 상대로 전투를 벌이는 상황을 가정해보자. 백군에는 10문의 포가 있고, 백군 포의 공격력 상수는 0.02다. 한편, 흑군은 소총으로 무장한 150명의

보병으로 구성되어 있고, 이들 소총병의 공격력 상수는 0.005다.

〈그림 13.3〉에 의하면, 이와 같은 경우 최종 승자는 백군 포병이다. 중대 병력 규모의 흑군 보병의 원거리 사격에 의해 백군 포병도 5문의 포를 잃었다. 하지만 막강한 포의 화력에 의해 흑군 보병은 결국 전멸하고 만다.

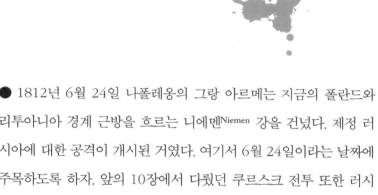

CHAPTER 14
보로디노 전투와 나폴레옹의 몰락

● 1812년 6월 24일 나폴레옹의 그랑 아르메는 지금의 폴란드와 리투아니아 경계 근방을 흐르는 니에멘^{Niemen} 강을 건넜다. 제정 러시아에 대한 공격이 개시된 거였다. 여기서 6월 24일이라는 날짜에 주목하도록 하자. 앞의 10장에서 다뤘던 쿠르스크 전투 또한 러시아 땅에서 벌어진 전투로, 쿠르스크 전투의 개시일은 7월 5일이었다. 하지만 원래의 계획은 해빙기의 러시아 진창, 이른바 라스푸티차^{rasputitsa}가 사라지는 대로 5월 초에 공격을 개시하는 거였다.

그러니까 나폴레옹이 러시아 침공을 시작한 6월 24일은 계절적으로 조금 늦은 감이 있었다. 1941년 나치 독일이 소련을 침공한 작전, '붉은 수염'도 원래 계획은 라스푸티차가 끝나는 5월 15일이었지만, 이런저런 이유로 연기되어 6월 22일 시작되었다. 한 달 이상 작전 개시가 지연된 탓에 결국 1941년 가을 모스크바^{Moskva}를 함락

●●● 1812년 6월 24일 나폴레옹은 프랑스군을 이끌고 니에멘 강을 건너 러시아 원정을 개시했다.

시키지 못했다고 분석하는 사람들이 적지 않은 걸 보면 나폴레옹의
공격 개시 시점에 대해서도 같은 문제 제기를 할 수는 있다.

　나폴레옹이 러시아 침공에 동원한 총 68만 5,000명의 병력이 모
두 프랑스군은 아니었다. 그랑 아르메는 이 중 35만 5,000명에 달
해 전체의 반을 약간 상회하는 수준이었고, 나머지 33만 명은 제정

프랑스의 위성국가나 동맹국가의 병력이었다. 병력을 파견한 대표적인 위성국가에는 바르샤바 공국, 이탈리아 왕국, 라인 공국 등이 있었고, 이외에도 오스트리아나 프로이센, 그리고 덴마크-노르웨이 등이 제정 프랑스의 동맹국으로서 참전했다.

　나폴레옹은 러시아 침공을 제2폴란드 전쟁이라고 불렀다. 러시아 영토로 있는 리투아니아 등의 지역은 원래 폴란드의 영토였다는 것을 내세운 거였다. 명분이 그렇다 보니 병력을 지원하라는 나폴레옹의 요구를 거절하지 못하고 적지 않은 병력을 참전시켰다. 하지만 막상 러시아를 굴복시킨다고 하더라도 온전히 바르샤바 공국의 영토가 될 리는 없었다. 이처럼 외세에 휘둘리는 나라들의 처지는 고달프다. 조선이 명^明의 요구에 굴복해 1618년 강홍립 휘하의 1만 3,000명을 파병해야 했던 거나, 청^淸의 요구에 굴복해 1651년과 1658년 2차례에 걸쳐 조총병을 파견해야 했던 거처럼 말이다.

　물론, 러시아는 1812년의 이 전쟁을 '조국수호 전쟁'이라고 불렀다. 러시아는 역사적으로 동쪽, 즉 몽고 제국 등 아시아로부터의 침공을 받아 정복당한 적은 있을지 몰라도 서쪽으로부터의 공격에 짓밟힌 적은 없었다. 전쟁 발발 직전인 6월 20일의 러시아군 총병력은 19만 8,250명으로 프랑스 동맹군과 비할 바가 못 됐다. 하지만 러시아에는 쉽사리 정복될 수 없는 광활한 영토와 인구가 있었다. 연주 도중에 대포 소리가 등장하는 차이콥스키^{Pyotr Il'ich Chaikovskii}의 〈1812년 서곡〉은 바로 이 조국수호 전쟁을 기리는 작품이다.

　전쟁이 개시되자, 러시아군 총사령관이었던 바르클라이 데 톨리 ^{Mikhail Bogdanovich Barclay de Tolly}는 올바른 전략적 판단을 했다. 바로 정면

충돌을 최대한 피하면서 초토화 작전과 함께 동쪽으로 끊임없이 후퇴하는 거였다. 병력의 압도적인 열세를 무시하고 일전을 치르는 건 사실 승산이 없는 일이었다. 게다가 상대는 지난 10여 년간 전 유럽을 상대로 승승장구해온 나폴레옹의 그랑 아르메였다.

원래 최고의 전투력을 발휘하는 부대는 20대 초반의 싱싱한 신병들로 구성된 부대가 아니다. 그보다는 체력적으로는 밀릴지라도 전투 경험이 많고 어떻게 해야 되는지를 아는 능구렁이 같은 병사들로 구성된 부대가 정말 무섭다. 그래서 로마의 보병 편제인 레기온에서도 맨 앞에 서는 하스타티^{Hastati}라고 불리는 초짜 신병 부대가 겁나는 게 아니라 그 뒤를 받치고 있는 경험이 풍부한 프린키페스^{Principes}, 그리고 백전노장들로 구성된 소방수 역할을 담당하는 트리아리^{Triarii}가 무서운 거였다. 10년 넘게 나폴레옹과 함께 생사고락을 같이해 온 그랑 아르메의 전투력은 급하게 징집해서 모아 온 다른 나라들의 군대와 비교할 게 아니었다.

비록 당장 영토를 내줄지라도 프랑스군이 얻을 게 없도록 철수하기 전에 모든 걸 불태워버리는 러시아군의 초토화 작전은 특히 효과적이었다. 새로운 도시를 점령해도 물이나 식량 등 군대의 보급에 필수적인 물자를 얻을 수 없었고, 이는 심리적으로나 경제적으로나 프랑스군에 큰 타격이었다. 러시아 내륙으로 진격해 들어갈수록 프랑스군의 보급선이 길어졌고, 따라서 갈수록 어려움이 가중됐다. 또한 후방의 보급부대만을 노려서 공격을 펼치는 코사크 기병대 등의 게릴라전으로 인한 피해도 적지 않았다.

군사적으로는 가장 현명한 작전을 펼치고 있었음에도 불구하고 러시아 내에서 바르클라이의 인기는 갈수록 떨어졌다. 전투를 벌이지 않고 후퇴만 한다는 비판이 러시아 귀족계급 내에서 끊임없이 제기된 탓이었다. 물론, 이들 귀족계급이 직접 전장에 나가서 싸울 생각은 없었다. 그저 후방에서 러시아 황제 알렉산드르 1세Aleksandr I 옆에 달라붙어 입으로만 떠들어댈 뿐이었다.

여기에 더해 바르클라이의 혈통을 문제 삼는 분위기도 러시아군 내부에 있었다. 17세기에 러시아 제국의 일부였던 에스토니아로 이주해온 그의 선조는 스코틀랜드 태생이었고 독일어를 구사했다. 아버지가 러시아 귀족의 작위를 받았고, 그 자신은 어려서부터 한평생 제정 러시아군에서 복무해왔음에도 '바르클라이는 러시아인이 아니다'라는 생각이 암암리에 러시아인들 사이에 퍼져 있었던 것이다. 그리하여 급기야 8월 17일 바르클라이는 총사령관 직위에서 해임되고 만 67세인 미하일 쿠투조프Mikhail Illarionovich Kutuzov가 총사령관으로 임명되었다.

1745년 제정 러시아의 수도인 상트페테르부르크Sankt Peterburg에서 태어난 쿠투조프는 틀림없는 러시아인이었고, 그가 총사령관으로 취임하자 러시아군은 이를 열렬히 환영했다. 하지만 유럽의 모든 강대국과 유명하다는 장군들을 상대로 육전에서만큼은 전승에 가까운 성과를 보여온 나폴레옹의 상대가 될 거라는 기대를 하는 사람은 별로 없었다. 나이도 적지 않았고, 또 1805년의 아우스터리츠 전투에서 러시아-프로이센 동맹군의 총지휘관으로서 나폴레옹의 군대에게 완패를 당했던 적도 있었다. 특히, 알렉산드르 1세는 자신이 임명해놓고도 총사령관 쿠투조프에 대해서 떨떠름한 감정을 느끼고

바르클라이 데 톨리
Barclay de Tolly

●●● 1812년의 조국수호 전쟁에서 총사령 관을 맡은 바르클라이 데 톨리는 정면충돌을 최대한 피하면서 초토화 작전과 함께 동쪽으로 끊임없이 후퇴하는 현명한 작전을 펼치고 있었음에도 불구하고 전투를 벌이지 않고 후퇴만 한다는 비판이 러시아 귀족계급 내에서 끊임없이 제기되었고, 그의 선조가 스코틀랜드 태생이라는 이유로 '바르클라이는 러시아인이 아니다'라는 생각이 암암리에 러시아인들 사이에 퍼져 있었다. 그리하여 급기야 8월 17일 바르클라이는 총사령관 직위에서 해임되고 미하일 쿠투조프 총사령관으로 임명되었다.

있음을 감추지 않았다.

사실, 쿠투조프에게 아우스터리츠 전투 패배의 책임을 묻는 것은 전후 사정을 아는 사람이 보기엔 지나친 일이었다. 왜냐하면 쿠투조프가 동맹군 총사령관이기는 했지만 현장에서 알렉산드르 1세가 직접 지휘를 했기 때문이다. 자신이 한 중요한 전술적 건의가 알렉산드르 1세에 의해 단박에 무시되자, 쿠투조프는 잠을 핑계로 전투 전날의 최종 작전 회의에 아예 나타나질 않았던 것이다. 전투의 결과는 쿠투조프가 예상했던 대로 러시아-프로이센 동맹군의 완패였다.

하지만 쿠투조프는 실제로 러시아군에서 가장 날카로운 칼이었다. 제정 러시아군의 장군으로 30년간 복무했던 그의 아버지는 병과가 공병이었고, 그런 탓인지 만 12세 때 쿠투조프는 포술과 공병

미하일 쿠투조프
Mikhail Kutuzov

●●● 바르클라이의 뒤를 이어 총사령관에 임명된 쿠투조프는 틀림없는 러시아인이었다. 그가 취임하자 러시아군은 열렬히 그를 환영했다. 그러나 알렉산드르 1세는 자신이 쿠투조프를 총사령관에 임명해놓고도 1805년 아우스터리츠 전투에서 러시아-프로이센 동맹군 총지휘관으로서 나폴레옹의 군대에게 완패를 당한 적이 있는 쿠투조프에 대해 떨떠름한 감정을 느끼고 있음을 감추지 않았다.

술을 가르치는 학교에 입학하여 동급생들 중에서 에이스로 인정받았다. 나폴레옹만 포병술에 정통한 게 아니었다는 얘기다. 게다가 1800년 만 69세로 죽을 때까지 무패의 전적을 자랑했던 러시아의 대원수 알렉산드르 수보로프^{Alexandr Suvorov}의 부관으로 오랫동안 복무하면서 그의 지휘를 보고 배웠다.

쿠투조프는 전임자의 전술이 올바른 것이었다고 생각했지만, 더 이상 프랑스군과의 본격적인 회전을 미룰 수는 없었다. 알렉산드르 1세의 명령 탓도 있었지만, 후퇴가 계속되면서 병사들의 사기는 떨어져갔고, 이를 지속하다가는 패배주의에 사로잡혀 허물어져버릴지도 모르는 지경에 이르렀기 때문이다. 그리고 그동안의 후퇴를 통해 러시아군은 후방으로부터 병력을 충원할 수 있었던 반면, 프랑스군은 보급의 어려움으로 인해 특별한 전투가 없었는데도 병력이 계속 줄어 양군의 세력이 거의 비슷한 수준에까지 도달했던 것이다.

게다가 프랑스군은 이제 모스크바의 목전에까지 들이닥쳤다. 물론, 모스크바는 당시 제정 러시아의 수도는 아니었다. 황제가 있는 수도는 북서쪽의 항구도시 상트페테르부르크였다. 그렇지만 많은 러시아인들은 모스크바를 정신적인 수도로 여겼고, 프랑스군도 상트페테르부르크는 버려두고 주공격 루트로 모스크바를 택했다. 쿠투조프는 모스크바를 뒤에 두고 일전을 벌이기로 결정했다.

9월 3일부터 러시아군은 보로디노^{Borodino}라는 마을에 진을 치고 진지 구축을 시작했다. 보로디노는 모스크바로부터 남서쪽으로 약 100킬로미터 떨어진 평지 마을로 북쪽을 흐르는 콜로차^{Kolocha} 강을 제외하면 별다른 지형지물이 없었다. 콜로차 강의 남쪽에 자리를 잡은 러시아군은 크게 2개 군으로 구성되었다. 우익은 총사령관에서 해임된 바르클라이가 지휘하는 제1군이 맡고, 좌익은 바그라티온^{Pyotr Bagration}이 지휘하는 제2군이 맡았다.

9월 5일 러시아군이 구축했던 전방 보루를 놓고 프랑스군과 러시아군 사이에 교전이 벌어졌다. 이름하여 셰바르디노 보루 전투^{Battle of Shevardino Redoubt}로 불리는 이날의 전투에서 양군은 각각 6,000명가량의 손실을 입었다. 원래 이 보루를 중심으로 방어선을 구축할 계획이었지만, 막상 보루를 구축하고 보니 자신들의 좌측면이 취약해진다는 걸 깨달은 러시아군이 방어선을 약간 뒤로 물렸다. 다음날인 9월 6일은 양군이 서로 마주한 채로 별다른 충돌 없이 지나갔다.

원래 나폴레옹이 직접 지휘하던 프랑스군은 6월 국경을 넘던 당시 28만 6,000명에 달했다. 하지만 9월 초 12만 명 이상의 병력이 이미 사라졌다. 손실은 거의 대부분 기아와 질병으로 인해 발생됐다. 계속 전투를 피하면서 후퇴만 하는 러시아군과 이러다가 전투한 번 해보지도 못하고 병 걸려 죽을지도 모르는 상황이 당황스럽던 프랑스군으로서는 드디어 내일 한판 붙는구나 하는 생각에 기운이 났다. 그동안 제대로 먹지 못한 탓에 영양 상태는 좋지 못했지만, 그랑 아르메로서, 그리고 나폴레옹의 군대로서 이번에 러시아군을 분쇄해버리고 전쟁을 끝내겠다는 생각에 사기는 드높았다.

보로디노에서 마주한 양군의 병력 상황을 한번 정리해보자. 프랑스군의 총병력은 13만 2,000명, 러시아군은 12만 9,500명으로 같다고 봐도 무방했다. 물론, 자료에 따라서 프랑스군의 병력이 더 많았다는 기록도 찾을 수 있고, 반대로 러시아군이 더 많았다는 기록도 눈에 띈다. 그러나 전체적으로 보면 대략 동등한 수준이었다고 할 만하다.

하지만 보병과 기병으로 구성된 위의 병력 이상으로 전투의 승패를 좌우할 부대는 포병이었다. 보로디노 전투Battle of Borodino에서 프랑스군은 587문의 포를 보유하고 있었던 반면, 러시아군은 637문을 보유하여 숫자 상으로는 러시아군이 약간 우세했다.

다만, 위에서 얘기한 숫자를 액면 그대로 받아들이기는 곤란하다. 약간 조정해줄 필요가 있는 사항들이 있기 때문이다. 우선, 러시아군에는 사실 위에서 얘기한 12만 9,500명 외에도 4만 3,000명의 병력이 더 있었다. 1만 명으로 구성된 코사크인 기병대와 3만 3,000

명에 달하는 훈련 상태가 좋지 못한 민병대가 전장에 있었다. 하지만 이들은 보로디노 전투가 끝날 때까지 실제 전투에 전혀 관여하지 않고 그냥 예비대로 남아 있었다. 그래서 이 4만 3,000명의 병력은 포함시키지 않았다.

사실, 그렇게 보면 전투에 참가한 프랑스군 병력은 13만 2,000명이 아니었다. 13만 2,000명에는 나폴레옹이 애지중지하는 제국근위대 1만 8,500명이 포함되어 있었다. 남달리 화려한 복장으로 눈에 잘 띄는 제국근위대는 단지 복장만 화려한 게 아니었다. 오랜 기간 동안 나폴레옹과 함께 전장을 누벼온 역전의 용사들인 최정예 부대였다. 그런데 너무 애착이 컸던 탓일까? 부관들의 건의에도 불구하고 나폴레옹은 막상 예비로 있던 제국근위대의 전투 투입을 끝까지 거부했고, 결국 이들은 보로디노 전투에 참가하지 않았다. 그러니 실제로 전투에 참가한 프랑스군의 병력은 11만 3,500명이다. 이렇게 보면 실제 프랑스군의 병력은 러시아군의 88%에 그쳤다는 걸 알 수 있다.

어쩌면 더 결정적인 변수는 전투에 실제로 참가한 포의 문 수다. 문제의 제국근위대 소속의 포병들은 전투를 지켜보기만 하면서 단 한 발의 포탄도 쏘지 않았던 것이다. 제국근위대에는 총 109문의 포가 편제되어 있었다. 그러니까 실제로 전투에 참가한 포는 총 478문에 그쳤다. 이렇게 되면 러시아군이 훨씬 유리한 전투를 벌였을 걸로 예상해도 지나친 일이 아니다. 병력에서도 앞서고 포의 문 수에서도 확연히 앞서니까 말이다.

그런데 실제로는 그게 아니었다. 러시아가 보유한 총 637문 중 고작 337문만 전투에 참가했다. 300문이 그대로 구경만 하고 있었던 것이다. 따라서 실제로 전투에 참가한 포 전력을 비교하면, 프랑스군이 러시아군에 비해 1.4배가 넘었다. 프랑스군이 병력은 열세였지만, 포 전력에서 우위를 점했던 것이다.

9월 7일 아침 6시, 드디어 전투가 개시됐다. 하루 종일 치열한 공방전이 오갔다. 자세한 전술적 상황 전개에 대해서는 언급하지 않으려고 한다. 오후 3시경, 그때까지의 전투로 지쳐버린 러시아군의 우익에 약간의 구멍이 생겼다. 나폴레옹의 매제인 뮈라Joachim Murat의 참모장 베이야르Augustin Daniel Belliard는 지금이야말로 제국근위대를 투입하여 러시아군 진형을 붕괴시킬 때라고 제언했지만, 나폴레옹은 묵묵부답이었다. 거의 대부분의 장군들이 근위대를 투입할 때라고 목소리를 높였고, 나폴레옹 자신이 '용자 중의 용자'라는 별명을 붙여주었던 네Michel Ney도 마지막으로 요청했지만, 나폴레옹은 "제국근위대의 투입 없이도 이 전투를 승리할 수 있다"며 끝내 듣지 않았다. 당시 나폴레옹은 독감으로 고생하던 중이라 정신이 온전하지 않았을 가능성이 높다. 결국 밤이 찾아오면서 전투가 끝났다.

전투 결과는 양군 모두에게 참혹했다. 프랑스군의 사상자는 2만 8,000명에 달했고, 러시아군의 사상자는 3만 8,000명에 이르렀다. 단 하루만의 전투로 무려 6만 6,000명의 병사가 죽거나 다쳤던 것이다. 이러한 손실은 지금의 기준으로도 손에 꼽을 정도로 큰 손실이다. 1815년 나폴레옹이 치른 최후의 전투인 워털루 전투Battle of Waterloo의 인명피해가 극심했다고 하나 5만 8,000명으로 보로디노 전투의 참혹함보다는 덜하다.

Battle of Borodino

●●● 보로디노 전투에서 나폴레옹이나 쿠투조프는 모두 그들이 가지고 있는 포의 전부를 전투에 투입하지 않았다. 아마도 전투에 투입했다가 귀중한 포병을 모조리 잃게 되면 더 이상 아무런 전투도 치를 수 없다고 염려한 탓이 아닐까 싶다. 보로디노 전투 결과, 프랑스군의 사상자는 2만 8,000명에 달했고, 러시아군의 사상자는 3만 8,000명에 이르렀다. 단 하루만의 전투로 무려 6만 6,000명의 병사가 죽거나 다쳤던 것이다. 이러한 손실은 지금의 기준으로도 손에 꼽을 정도로 큰 손실이다. 전투 다음날인 9월 8일 러시아군은 전장을 이탈하여 후퇴했고, 프랑스군도 이를 급히 추격할 의욕은 없었다. 그 후 쿠투조프가 모스크바 방어를 포기하고 초토화작전과 함께 후방으로 후퇴해버림으로써 나폴레옹은 텅 빈 모스크바에 무혈입성했다. 보로디노 전투는 전술적으로 보면 프랑스의 승리라고 할 수 있겠지만, 그 대가가 너무나 커서 나폴레옹을 무력화시켰다. 또 하나의 이른바 '피루스의 승리'였던 것이다. 이후 보급이 제대로 되지 않아 굶주리던 프랑스군은 결국 제 발로 모스크바를 포기하고 후퇴 길에 올랐다. 이로써 보로디노 전투는 영광스러운 그랑 아르메의 사실상 마지막 전투가 되어버렸다.

이후로도 보로디노 전투보다 하루 동안의 손실이 컸던 전투는 제 1차 세계대전 중의 솜 전투Battle of the Somme가 유일하다. 솜 전투는 1916년 7월 1일 서부전선에서 개시되어 141일간 계속된 전투로 서, 그 첫날이었던 7월 1일 하루 동안 공세에 나선 영국군은 전사자 1만 9,240명을 포함한 5만 7,470명의 손실을 입어 1,590명의 프랑 스군 사상자와 방어하던 독일군의 1만 1,000명가량의 사상자를 합 치면 무려 7만 60명의 피해가 발생했다. 솜 전투는 9월 영국의 마크 I 전차가 실제 전투에 최초로 투입된 전투로도 유명하다.

보로디노 전투는 그렇게 하루 동안의 강렬한 전투로 끝이 났다. 전투 다음날인 9월 8일 러시아군은 전장을 이탈하여 후퇴했고, 프 랑스군도 이를 급히 추격할 의욕은 없었다. 전술적으로 보면 프랑 스의 승리라고 할 수는 있겠지만, 그 대가가 너무나 컸다. 또 하나의 이른바 '피루스의 승리'였던 것이다. 하지만 나폴레옹이 모스크바를 점령하는 데 더 이상 아무런 장애물은 남아 있지 않았다. 쿠투조프 가 모스크바 방어를 포기하고 예의 초토화 작전과 함께 더 후방으로 후퇴해버렸기 때문이었다. 그래서인지 프랑스에서는 보로디노 전투 를 모스크바 전투라고 부른다. 9만 5,000명가량의 잔존 병력과 함 께 나폴레옹은 드디어 텅 빈 모스크바를 점령했다. 하지만 나폴레옹 이 고대하던 알렉산드르 1세의 휴전 제의는 오지 않았다.

보급이 제대로 되지 않아 굶주리던 프랑스군은 결국 제 발로 모스 크바를 포기하고 후퇴 길에 올랐다. 매서운 러시아의 동장군과 영양 실조로 하염없이 프랑스군은 쓰러져갔다. 그리고 후방에서 기운을 차린 쿠투조프의 러시아군은 계속 프랑스군에 손실을 강요했다. 결국 러시아 침공의 출발선이었던 니에멘 강을 다시 넘은 프랑스군은 고작 2만 3,000명에 불과했다. 보로디노 전투는 영광스러운 그랑 아르메의 사실상 마지막 전투가 되어버렸던 것이다.

지금 시점에서 돌이켜보면 나폴레옹이나 쿠투조프 모두 왜 가지고 있는 포의 전부를 전투에 투입하지 않았을까 하는 의문이 들 수도 있다. 아마도 전투에 투입했다가 귀중한 포병을 모조리 잃게 되면 더 이상 아무런 전투도 치를 수 없다고 염려한 탓이 아닐까 싶다. 사실, 당시의 포는 모두 캐논, 즉 사정거리가 짧은 직사포라서 전선 바로 뒤에 위치했다. 즉, 충분한 후방에 위치하지 못한 탓에 잘못 적의 기병대의 돌입을 허용하게 되면 몰살을 당하기 십상이었다. 전투 상황이 워낙 유동적이기 때문에 그런 가능성을 배제할 수 없었던 것이다.

여담 한 가지로 이번 장을 마칠까 한다. 만약에 나폴레옹이 러시아를 침공하지 않았더라면 이 한 사람의 이름을 후대는 몰랐을 것이다. 바로 "전쟁은 다른 수단에 의해 행해지는 정치(외교)의 연속이다"라는 말로 유명한 클라우제비츠Karl Clausewitz다. 클라우제비츠는 원래 프로이센 장교였다. 그런데 프로이센이 나폴레옹의 제정 프랑스에 무릎을 꿇고 동맹을 맺자, 이에 반발하여 러시아군에 지원했다. 그리하여 러시아의 '조국수호 전쟁'에 참가했고, 보로디노 전투에도 러시아군의 일원으로 싸웠다. 그래서 어떤 면에서 클라우제비츠는 나폴레옹의 사도이자 제자인 것이다.

$$dW = \begin{cases} -1, & if \quad \beta B dt \geq u \\ 0, & if \quad \beta B dt < u \end{cases}$$

$$dW = \begin{cases} -1, & if \quad \omega W dt \geq u \\ 0, & if \quad \omega W dt < u \end{cases}$$

시간 (분)

PART 5
전투에서의 결정론 vs. 운, 그리고 병력 vs. 전투력

CHAPTER 15
결정론적 전투경제학 이론은
사실에 얼마나 가까울까?

● 지금까지 이 책에서 논의된 내용들은 한 가지 굉장히 중요한 가정에 기반을 두고 있었다. 그것은 어떠한 무기로 공격을 하던 간에 그에 기인하는 전투력을 하나의 확정된 상수로 표현할 수 있다는 점이었다. 그리고 그러한 상수는 시간이 경과되더라도 불변이었다.

실제로 그러한 가정이 정당화될 수 있을까? 다시 말해, 일련의 란체스터 법칙이 실제의 전투에서 성립하느냐는 질문인 거다. 이에 관해서는 하나의 유명한 사례가 있다. 태평양전쟁이 막바지로 치닫던 1945년 2월 19일부터 3월 26일까지 미 해병과 일본군 사이에 치러진 이오지마 전투Battle of Iwo Jima다.

이오지마는 도쿄에서 거의 정남으로 1,200킬로미터가량 떨어져 있는 북태평양의 화산섬이다. 면적이 21제곱킬로미터에 불과한 작은 섬인 이오지마는 우리말로 유황도硫黃島다. 미국은 일본 본토로 가기 위한 마지막 관문 오키나와를 공격하기에 앞서 이오지마를 확보하여 비행장으로 쓸 생각을 했다. 이를 위해 이미 1944년 6월부터 군함과 폭격기를 동원하여 눈에 보이는 족족 포격과 폭격을 가해왔던 미국은 별로 어렵지 않게 섬을 점령할 수 있으리라 기대했다. 2월 19일 아침 미 해병 제3사단, 제4사단, 제5사단의 병력 5만 4,000명은 이오지마의 해안에 상륙했다. 미 해병 병력은 이후 며칠 동안 좀 더 증원되어 최종적으로는 7만 3,000명에 달했다.

반면, 섬을 지키고 있는 일본군 병력은 그에 비하면 절대적인 소수였다. 섬에 주둔하고 있던 일본 육군 제109사단과 기타 여러 지원 부대의 병력을 다 합쳐도 2만 1,500명에 그쳤다. 그리고 사단번호를 보면 알 수 있듯이 제109사단은 1944년 6월 30일에 생긴 신편 사단으로 여기저기서 긁어 모은 병력으로 구성되었다. 전투의 결과는 이미 시작 전에 결정된 것이나 다름없었다.

그런데 한 가지 변수가 있었다. 바로 일본군 지휘관이었던 구리바야시 다다미치栗林忠道였다. 일본 고유의 짧은 시 형식인 하이쿠俳句에 능하고 여러 군가를 직접 작사할 정도로 감수성이 예민했던 구리바야시는 대위 시절 2년간 미국의 워싱턴 DC에 주재하여 미국의 힘을 누구보다도 잘 알았고, 항상 가족들에게 "미국과는 절대로 전쟁하면 안 된다"는 말을 할 정도로 태평양 전쟁을 반대했다. 하지만 섬 방어라는 임무가 주어진 이상 그에게 다른 선택은 없었다.

그는 미국이 제해권과 제공권을 가진 상황에서 섬 해안에 상륙하는 미군을 공격하려다가는 오히려 손실만 입게 될 뿐이라는 걸 잘 알고 있었다. 그리하여 그는 1944년 6월부터 섬의 모든 민간인들을

●●● 이오지마 전투에서 일본군은 구리바야시의 지휘 하에 끝까지 끈질기게 미군을 괴롭혔고, 미군은 결국 35일이나 걸려서야 섬을 점령할 수 있었다. 마지막 순간에 항복하여 포로로 잡힌 216명을 제외한 나머지 모든 일본군 2만 1,284명은 전투 중 사망했다. 놀라운 점은 미군이 일본군보다 더 큰 피해를 입었다는 사실이다. 전투 기간 중의 미군 사망자는 6,821명이었고, 부상자는 1만 9,217명에 달해 총 사상자 수는 2만 6,038명이었다. 당초 3.4배에 달하는 우세한 병력을 갖고도 일본군보다 22%나 더 큰 손실을 입었다는 말은 이오지마의 일본군 병사들이 미 해병보다 더 강력한 전투력을 발휘했다는 의미다.

일본 본토로 소개시킨 후, 섬 전체가 동굴로 연결된 하나의 토치카가 되도록 착실하게 준비했다. 비록 전투에서 이길 수는 없겠지만, 최대한 섬의 함락을 늦추어 미군의 오키나와沖繩 침공을 지연시키고, 동시에 가능한 한 최대의 인명 손실을 미군에 안겨주겠다고 결심했던 것이다.

그러한 관점에서 구리바야시는 일본군이 여차하면 수행하던 만세 돌격萬歲突擊, 이른바 반자이 돌격도 엄격히 금했다. 러일전쟁의 뤼순 전투 때 시작되었던 것으로 흔히 얘기되는 일본군의 반자이 돌격은 사실 기관총 진지 등으로 잘 준비된 방어군에게는 무용지물이라는 걸 모르지 않았기 때문이다. 그보다는 한 명씩, 한 명씩 제거될지언정 숨어서 저격하는 쪽이 훨씬 미군 입장에서 까다롭고 고통스럽다는 걸 잘 인식하고 있었다.

이오지마의 일본군은 구리바야시의 지휘 하에 끝까지 끈질기게 미군을 괴롭혔고, 미군은 결국 35일이나 걸려서야 섬을 점령할 수 있었다. 마지막 순간에 항복하여 포로로 잡힌 216명을 제외한 나머지 모든 일본군 2만 1,284명은 전투 중 사망했다. 놀라운 점은 미군이 일본군보다 더 큰 피해를 입었다는 사실이다. 전투 기간 중의 미군 사망자는 6,821명이었고, 부상자는 1만 9,217명에 달해 총 사상자 수는 2만 6,038명이었다. 당초 3.4배에 달하는 우세한 병력을 갖고도 일본군보다 22%나 더 큰 손실을 입었다는 말은 이오지마의 일본군 병사들이 미 해병보다 더 강력한 전투력을 발휘했다는 의미다.

이오지마 전투에 대해 란체스터 제곱 법칙을 적용하면 양군의 전투력 상수를 얻을 수 있다. 실제로 구해보면 일본군의 전투력 상수는 미군의 5.13배에 달한다. 동등한 병력으로 싸웠다면 1명의 일본군이 쓰러지는 동안 적어도 5명의 미군이 쓰러진다는 얘기다. 이를 통해 구리바야시 휘하의 일본군이 얼마나 처절하게 저항했는지를 짐작해볼 수 있다.

더욱 흥미로운 것은 이러한 시뮬레이션 결과를 실제의 전투 결과와 비교해봤을 때다. 〈그림 15.1〉은 전투 기간 동안 미군의 실제 병력 변화와 란체스터 이론을 통한 시뮬레이션을 비교한 그림으로, 놀라울 정도로 이론적 결과가 실제와 흡사하다. 이러한 결과가 알려진 후 란체스터 법칙은 검증된 이론으로서 남다른 명성을 누리게 되었다.

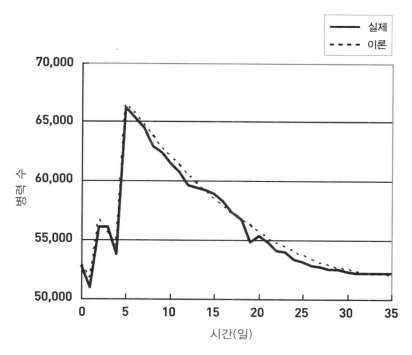

〈그림 15.1〉 이오지마 전투에서 미군 병력의 실제 변화와 란체스터 이론의 비교

그런데 다른 전투들에 대해 위와 마찬가지로 검증해봤더니 결과가 그다지 신통치 않더라는 게 고민거리다. 하나의 대표적인 예로서 쿠르스크 전투에서의 병력 손실을 들어보자. 〈그림 15.2〉에 나타낸 양군의 실제 병력의 변화는 란체스터 이론이 예견하는 매끄러운 곡

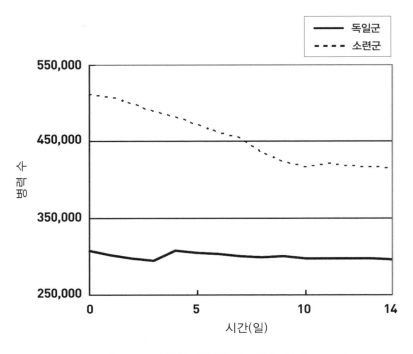

선과는 꽤 거리가 있다. 사실, 이러한 결과는 예외이기보다는 일반
적인 상황에 가깝다. 즉, 실제의 전투에서 란체스터 이론이 완벽하
게 성립하기를 기대할 수는 없다는 얘기다.

〈표 15.1〉에 나타낸 양군의 일간 병력 손실을 보면 앞에서 설명했
던 란체스터 이론의 한계가 더욱 분명해진다. 이론이 성립되려면 손
실이 어느 정도 일정하게 발생해야 함에도 불구하고, 특히 소련군의
경우 완전히 손실 규모가 들쭉날쭉하다. 말하자면, 개별 전투에서
시간이 경과함에 따라 발생하는 손실이 란체스터 이론의 예측으로
부터 크게 벗어날 수 있다는 뜻이다.

⟨표 15.1⟩ 쿠르스크 전투에서 독일군과 소련군 일간 병력 손실

날짜	독일군 손실	소련군 손실
1	6,192명	8,527명
2	4,302명	9,423명
3	3,414명	10,431명
4	2,942명	9,547명
5	2,953명	11,836명
6	2,040명	10,770명
7	2,475명	7,754명
8	2,612명	19,422명
9	2,051명	10,522명
10	2,140명	8,723명
11	1,322명	4,076명
12	1,350명	2,940명
13	949명	1,217명
14	1,054명	3,260명

　게다가 더 골치 아픈 일이 있다. 자료를 구할 수 있는 근대 이후의
원거리 사격전 전체를 대상으로 전투 개시 전의 병력비와 전투 종료
시의 병력비를 정리하여 이론대로 총전투력이 병력의 제곱에 비례
하는지를 통계적으로 검증해봤더니, 그렇지가 않더라는 당혹스러운
결과가 이미 나와 있어서다. 여러 가지 데이터 집합에 대해서 검증
해본 결과, 어떻게 해보더라도 총전투력은 병력의 제곱에 비례하기
보다는 대략 병력의 1.5승에 비례하더라는 결론을 피해갈 수가 없
었던 것이다. 한편, 고대의 근접육탄전은 아무래도 자료 자체의 정
확성에 한계가 있어서인지 이런 방식의 검토 자체가 드물다.

그러면 지금까지 얘기했던 란체스터 이론은 무용지물인 걸까? 그렇게까지 자포자기할 필요는 없다. 세상의 모든 이론은 다 불완전한 도구들이기 때문이다. 다시 말해, 실제를 완벽하게 묘사할 수 있는 이론은 존재하지 않는다. 좀 더 상징적으로 얘기하자면, 모든 이론은 실제와 비교하면 다 엉터리다. 실제를 이길 수 있는 이론은 없지만, 그래도 이론이 가진 한계를 잘 인식하고 겸허한 마음으로 조심스럽게 활용하면 된다. 그런 관점에서 이론을 받아들인다면, 이론은 충분히 쓸 만한 도구가 될 수 있다.

그런 관점에서 몇 가닥의 동아줄을 란체스터 이론에게 내려주도록 하자. 제일 먼저 통계적으로 총전투력이 병력의 제곱에 비례하지 않고 1.5승에 비례하는 문제는 사실 간단한 해결 방안이 있다. 근대 이후의 전투가 오로지 원거리 사격전의 성격만을 갖고 있냐 하면 그렇지가 않다는 것이 핵심이다. 경우에 따라서는 총검으로 공격하는 백병전이 벌어지기도 하고, 또 포격전이 동시에 벌어지기도 한다.

그런데 이러한 전투들의 총전투력은 이론상 병력의 제곱에 비례하지 않고 병력 자체에 비례한다는 사실을 상기하도록 하자. 그렇다면 실제의 전투가 병력의 1승이나 2승이 아닌 약 1.5승에 비례한다는 사실은 어찌 보면 당연한 일이다. 즉, 실제의 전투는 여러 가지 성격의 전투가 섞여서 나타나기 때문에, 총전투력이 병력의 제곱에 비례한다는 통계적 결과가 나오면 오히려 이상한 일이다. 란체스터 제곱 법칙이 틀렸다고 단언할 게 아니라는 얘기다.

초기 병력비와 전투 종료 시의 병력비만을 가지고 분석하는 검증 방식이 갖는 한계도 있다. 사실, 란체스터 제곱 법칙 혹은 란체스터 선형 법칙이 성립하는지를 제대로 검증하려면 초기 병력비와 말기 병력비만으로는 부족하고 그 중간 시점의 병력도 알 필요가 있다. 앞의 〈그림 15.1〉이나 〈그림 15.2〉처럼 말이다.

그런데 이러한 과도적 병력 변화를 알기가 거의 불가능하다. 대부분의 자료들이 전투 전의 병력과 전투 종료 후의 병력으로만 정리되어 있기 때문이다. 그렇기 때문에 하나의 전투 결과에 대해서 제곱 법칙으로도 묘사가 가능하고, 또 선형 법칙으로도 묘사가 가능하다. 데이터에 맞춰진 전투력 상수 값만 달라질 뿐이다. 게다가 앞에서도 얘기했듯이 한쪽이 전멸할 때까지 싸우는 일은 극히 예외적이다. 대개의 경우 그 전에 전투가 종료되기 마련인데, 이런 경우 1차 함수로 곡선을 맞추든, 아니면 비선형 함수로 곡선을 맞추든 맞추려고만 하면 다 맞출 수는 있다. 이런 경우 뭐가 더 맞는 함수인지 판단하기 어렵다.

시간에 따른 병력의 과도적 변화를 알 수 있다면 어떠한 전투가 선형 법칙을 따르는지 혹은 제곱 법칙을 따르는지 좀 더 분명하게 확인할 수 있다. 또한 같은 선형 법칙이라 해도 제1 선형 법칙이냐 제2 선형 법칙이냐를 판단할 수 있다. 확인이 가장 용이한 경우는 제1 선형 법칙에 해당할 때다. 왜냐하면 제1 선형 법칙이 성립되는 경우 시간에 따른 병력 손실이 잔존 병력과 무관하게 일정해야 하기 때문이다.

설혹 고대의 모든 근접육탄전에 대한 시간상의 데이터를 갖고 있다고 하더라도 란체스터 제1 선형 법칙이 얘기하는 대로 단위시간당 일정한 손실이 발생한 경우를 찾기란 모래사장에서 바늘 찾기가 아닐까 싶다. 왜냐하면 전투에는 분명히 운이라고 하는 요소도 작용하기 때문이다. 어떻게 보더라도 전투에서 운이 차지하는 역할을 무시하고서 전투에 대한 경제수학적 분석을 마쳤다고 얘기할 수는 없다. 전투에서의 운의 문제, 그게 바로 다음 장의 주제다.

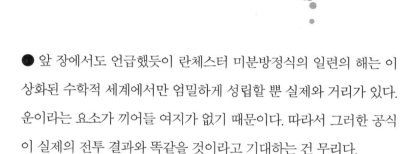

CHAPTER 16
운에 의해 좌우되는
전투에 대한 수학적 이론

● 앞 장에서도 언급했듯이 란체스터 미분방정식의 일련의 해는 이상화된 수학적 세계에서만 엄밀하게 성립할 뿐 실제와 거리가 있다. 운이라는 요소가 끼어들 여지가 없기 때문이다. 따라서 그러한 공식이 실제의 전투 결과와 똑같을 것이라고 기대하는 건 무리다.

현실의 전투에서 운은 절대로 무시할 수 없는 존재다. 왜 그런지 간단한 사고실험의 차원에서 앞서 2장에서 다뤘던 전투의 기본단위, 즉 일대일 대결^{duel}을 상상해보자. 앞에서는 개인의 전투력이 하나의 고정된 숫자로 표현되며, 대결을 벌이는 두 상대방 간의 전투력 비율에 따라 승패의 결과와 소요시간이 '결정론적'으로 확정돼 있다고 가정했었다. 이러한 가정이 성립되면, 두 사람 간의 대결의 결과는 언제나 같아야 한다. 승리하는 쪽이 언제나 반드시 승리해야 하며, 나아가 승리하는 데 걸리는 시간도 정확히 일치해야 한다.

앞의 가정은 얼마나 현실적일까? 뭔가 비현실적이라는 느낌이 분명히 든다. 하지만 실제의 전투 사례를 가지고 이를 반증하기가 쉽지 않다. 왜냐하면 목숨을 걸고 싸우는 두 상대방 간의 실제 대결은 오직 한 번만 존재할 수 있기 때문이다. 한쪽이 쓰러지고 나면 더 이상 둘 간의 대결은 있을 수 없다. 쉽게 말해 통계에서 얘기하는 반복 시행이 불가능하다.

가령, 구약성경에 나오는 다윗과 골리앗의 대결에서 소년에 불과한 다윗이 거인 골리앗을 쓰러뜨렸던 것도 위의 이론으로 설명할 수는 있다. 다윗의 확정된 전투력 숫자가 골리앗보다 더 크다고 하면 될 일이다. 하지만 이러한 결과를 설명할 수 있는 다른 이론도 얼마든지 있을 수 있다. 이를 테면, 그냥 단순히 운이 좋아서 그런 일이 벌어졌을 수도 있다. 다시 말해, 재수가 좋아 훨씬 강한 상대방을 쓰러뜨린 게 실력이라는 이름으로 포장되지 말란 법이 없다.

두 사람 간의 일대일 대결 결과가 고정되어 있지 않으리라는 건 다소 순화된 대결을 보면 알 수 있다. 즉, 펜싱이나 검도와 같이 검을 갖고 대결하는 경기는 서로 상대방을 죽일 수 있는 실력을 겨루지만 실제로 죽이지는 않기에 반복 시행이 가능하다. 이때 실력 차가 아주 확연하다면 모르겠지만, 대개의 경우 약자라고 해서 꼭 지는 건 아니다. 굉장히 여러 번 겨루면 실력이 떨어지는 사람도 단 몇 번일지언정 이길 수 있다. 실력이 비슷한 사람끼리라면 이기고 지는 것을 주고받는다. 이것만 보더라도 앞의 2장의 가정은 설 자리를 잃는다.

이러한 문제를 해결하려면 어떠한 식으로든 확률 개념을 적용하지 않을 수 없다. 한 가지 방안으로 개인의 전투력이 고정된 하나의 숫자가 아니고 일정한 분포를 갖는 확률 변수라고 가정하는 방법을 생각해보자. 쉽게 말해서, 어떤 때는 10이라는 전투력이 발휘되고, 또 다른 때에는 7이나 11과 같은 전투력이 발휘된다고 보자는 거다. 다만, 각각의 시점에 어떠한 전투력이 발휘될지는 미리 알 수는 없다. 그야말로 운의 소관인 것이다.

구체적인 숫자로 표현된 예를 통해 이게 어떻게 작동되는지 알아보자. 어떤 특정한 백군 병사의 전투력은 {8, 10, 12}의 세 가지 값 중 하나가 될 수 있고, 그 확률은 각각 1/3로 동일하다고 가정하자. 또한, 위의 백군 병사와 대결을 할 특정한 흑군 병사의 전투력은 {7, 9, 11}의 세 가지 값 중 하나고, 그 확률도 1/3로 같다고 하자. 쉽게 말해, 면이 3개인 주사위를 각각 던져 나오는 숫자가 큰 쪽이 이기는 상황이라고 보면 된다.

전투력이 위와 같은 확률 분포에 의해 주어지지 않고 그 평균에 해당하는 하나의 값으로 고정되어 있다고 가정한다면, 위 백군 병사와 흑군 병사의 대결에서 백군 병사는 언제나 승리해야 한다. 백군 병사의 고정된 전투력은 8, 10, 12의 평균값인 10이고, 흑군 병사의 고정된 전투력은 7, 9, 11의 평균값인 9이기 때문이다.

반면, 위와 같은 확률 분포를 가정하면 전혀 다른 결론이 나온다. 백군 병사의 전투력이 12로 나온 경우, 흑군 병사의 전투력이 무엇으로 나오든 백군 병사가 이긴다. 왜냐하면 흑군 병사의 전투력이 제일 높아 봐야 11에 불과하기 때문이다. 이러한 경우가 발생할 확률은 1/3이다. 그 다음 백군 병사의 전투력이 10이 나온 경우, 흑군 병사의 전투력이 7이나 9가 나오면 백군 병사가 이기고, 그 외에 흑군 병사의 전투력이 11로 나오면 이번에는 백군 병사가 진다. 즉, 2/9의 확률로 백군 병사가 이기고, 1/9의 확률로 흑군 병사가 이기는 것이다.

마지막으로 백군 병사의 전투력이 8로 나온 경우, 흑군 병사의 전투력이 7일 때만 백군 병사가 이기고, 그 외에 흑군 병사의 전투력이 9나 11이 나오면 백군 병사가 진다. 다시 말해, 1/9의 확률로 백군 병사가 이기고, 2/9의 확률로 흑군 병사가 이기는 것이다. 이러한 확률들을 다 합해주면, 백군 병사가 이길 확률은 6/9, 즉 세 번 싸우면 두 번은 이기게 되며, 흑군 병사가 이길 확률은 3/9, 즉 세 번 싸워서 한 번 이기는 결과가 발생하게 된다. 바로 위의 예에서는 이해를 돕기 위해 간단한 확률 분포를 가정했지만, 실제로 얼마든지 다른 형태의 확률 분포가 적용될 수 있다.

여기서 위에서 기술한 방식만이 전투에서 운이 개입하는 유일한 방식은 결코 아니라는 점을 지적하자. 다른 방식으로 운이 개입되는 상황을 얼마든지 생각해볼 수 있다는 얘기다. 이와 결부시켜서 한 가지 생각해볼 문제가 병력을 나타내는 수는 자연수지, 실수가 아니라는 점이다. 무슨 얘기냐 하면, 가령 백군 병력이 10대의 전투기로 구성되었다고 할 때, 병력의 수는 10대 혹은 9대는 될 수 있어도, 9.8대, 9.4대, 이런 건 실제로 별로 의미가 없다는 뜻이다. 그런데 앞서의 란체스터 법칙에서는 실제로 이런 숫자들도 가능했었다.

그래서 병력 수가 자연수로만 한정되면서 동시에 다른 방식으로 운이 개입되는 하나의 예를 들어보려고 한다. 여러 대의 전투기들끼리 서로 엉켜서 대결하는 공중전, 이른바 '도그파이트dogfight'를 가정해보자. 도그파이트는 원거리 사격전에 해당하므로 기본적인 출발점은 9장에서 나왔던 다음의 식들이다.

$$dW = -\beta B dt \qquad\qquad (16.1)$$

$$dB = -\omega W dt \qquad\qquad (16.2)$$

　여기서 잠깐, 무작위 함수를 정의하도록 하자. 무작위 함수 혹은 랜덤 함수는 매번 실행할 때마다 0보다 크거나 같고 1보다 작거나 같은 임의의 실수를 출력 값으로 내보내는 함수다. 굉장히 면이 많은 일종의 주사위를 생각하면 큰 무리가 없다. 각각의 면에 0과 1 사이에 있는 각각의 실수가 써 있는 주사위 말이다. 실행시키기 전에는 어떤 숫자가 나올지 알 수 없으니 운에 달려 있는 것이다.

　이제 도그파이트에 이러한 운을 개입시켜보자. 식 (16.1)과 식 (16.2)의 우변은 단위시간마다 줄어드는 백군과 흑군의 병력을 나타낸다. 그 각각의 값을 0과 1사이의 무작위 수와 비교하여, 그 값이 크면 병력이 1만큼 줄고, 반대로 그 값이 작으면 병력에 변화가 없다는 가정을 하는 것이다. 상대방 병력이 많거나 또는 상대방의 전투력이 셀 경우, 식 (16.1)과 식 (16.2)의 우변은 커진다. 그런 만큼 무작위 수보다 커 1만큼의 병력 손실이 발생할 확률도 올라간다. 반대로 값이 작으면 작은 만큼 무작위 수보다 클 확률이 낮아져 병력 손실이 발생할 확률도 낮아지게 되는 것이다.

　이를 식으로 표현하면 다음과 같다. 여기서 u는 0과 1 사이의 무작위 실수를 나타낸다.

$$dW = \begin{cases} -1, & if \quad \beta B dt \geq u \\ 0, & if \quad \beta B dt < u \end{cases} \qquad (16.3)$$

$$dB = \begin{cases} -1, & if \quad \omega W dt \geq u \\ 0, & if \quad \omega W dt < u \end{cases} \qquad (16.4)$$

이러한 과정을 거쳐 운이 전투에 개입하게 되면 어떠한 일이 벌어지는지 예를 통해 알아보도록 하자. 10대의 전투기로 구성된 백군과 15대의 전투기로 구성된 흑군이 도그파이트를 벌이는 거다. 백군은 전투기 수가 적은 대신 개별 전투기의 성능과 전투기 조종사들의 실력이 결합된 전투력은 더 낫다고 가정하자. 즉, 오메가(ω)는 0.4고, 베타(β)는 0.3인 상황이다. 오메가와 베타는 각각 백군 전투기와 흑군 전투기의 전투력을 나타내는 상수다.

만약, 위의 전투에 운이 개입되지 않는다면, 다시 말해 결정론적 란체스터 제곱 법칙이 성립한다면 어떤 결과가 벌어질까? 계산해보면, 〈그림 16.1〉에서 확인할 수 있듯이 백군 전투기는 전멸, 흑군 전투기는 약 9.6대가 남아 흑군이 승리하는 결과가 나온다. 이러한 결과는 〈그림 9.1〉과 흡사하다.

반면, 식 (16.3)과 식 (16.4)에 의한 전투 결과는 완전히 〈그림 16.1〉과 다를 수 있다. 대표적인 사례로서 두 가지 경우를 〈그림 16.2〉와 〈그림 16.3〉에 나타냈다. 〈그림 16.2〉를 보면, 백군 전투기들은 부족한 병력을 용케 극복해내어 흑군 전투기는 전멸, 본인들은 4대가 살아남았다. 한편, 〈그림 16.3〉에서는 흑군 전투기들에게 유리하게 운이 작용하여 본인들은 1대만 격추되면서 10대의 백군 전

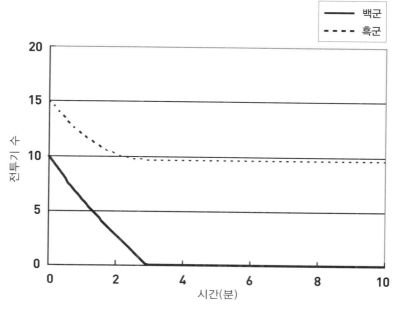

〈그림 16.1〉 백군 전투기와 흑군 전투기의 전투력 비율이 4:3인 경우의 병력 변화

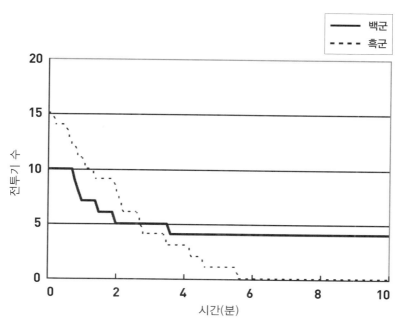

〈그림 16.2〉 백군에게 유리하게 운이 작용한 경우

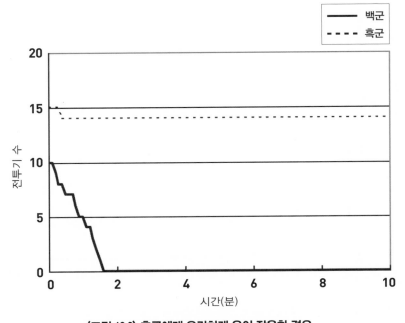

<그림 16.3> 흑군에게 유리하게 운이 작용한 경우

투기를 모조리 격추시켰다. 전혀 상반된 결과가 모두 가능하다는 뜻이다. 이와 같이 다양한 결과가 가능한 쪽이 아무래도 좀 더 현실성 있기 마련이다.

　실제의 전투 결과에 여러 가지의 가능성이 존재한다면, 이를 미리 예측하는 관점에서 어떻게 해야 할까? 두 가지를 파악할 필요가 있다. 첫째, 발생 가능한 시나리오에 대한 분포 자체에 관심을 갖고 이를 미리 파악해보는 것이다. 전투의 결과가 하나로 확정되어 있지 않고 다양한 가능성이 존재한다는 사실을 받아들이고 인정하는 거다. 이러한 패러다임을 받아들이는 것 자체가 큰 의미가 있다.

　둘째, 전투 결과에 대한 확보된 분포를 갖고 여러 가지로 분석해

보는 거다. 무엇보다도 질 확률은 얼마나 되는지, 그리고 질 때 얼마나 크게 질 수 있는지 같은 것이 대표적인 예가 될 테다. 그래서 가령, 이길 확률과 질 확률이 대략 반반인 전투에 대해 운에만 맡기고 전투를 결정하는 건 신중하지 못한 처사다. 나아가 심지어 승산이 별로 없음에도 부하들을 무조건 사지로 몰아넣는 것은 지휘관으로서 할 일이 아니다. 이길 수 있도록 상황을 만들고, 그런 연후에 전투에 나서라는 조언은『손자병법』에도 나오는 말이 아니겠는가?

이제 그러면 실제로 위 경우에 대한 전투 결과를 분포로 구해보자. 〈그림 16.4〉는 총 1,000번의 시뮬레이션을 수행했을 때 발생하는 전투 결과의 분포를 막대 그래프로 나타낸 것이다. 전투의 승패를 판정하는 지표로서, 전투가 종료되고 난 후의 백군 잔존 전투기 수에서 흑군 잔존 전투기 수를 뺀 값으로 정했다.

〈그림 16.4〉를 보면 실제로 굉장히 다양한 경우가 발생한다는 점이 눈에 띈다. 보통 이런 류의 분포를 만나면 습관적으로 평균을 구하려고 한다. 실제로 〈그림 16.4〉에 해당하는 분포의 평균은 약 -8.3 정도다. 그러니까 평균적으로 백군 전투기 10대는 모두 격추되고, 흑군 전투기 15대 중 약 8대 정도가 살아남는다는 얘기다. 이 결과를 앞의 〈그림 16.1〉과 비교해보면 차이가 없지 않다는 것을 알 수 있다. 결정론적 란체스터 법칙으로 구한 흑군의 잔존 전투기 수는 9.6대로 1대 이상 차이가 난다.

운의 영향은 전투에 참가하는 병력의 수가 작을수록 좀 더 확연하게 나타나기 쉽다. 가령, 1만 5,000명과 1만 명 간의 전투라면, 확률적 란체스터 법칙의 결과가 결정론적 란체스터 법칙과 크게 다르지

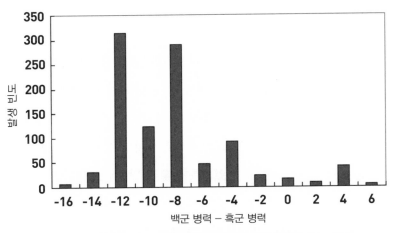

<그림 16.4> 전투 종료 후 백군 병력에서 흑군 병력을 뺀 결과의 분포

않을 수 있다. 반면에, 15명과 10명 간의 전투라면 초반의 운에 좀 더 좌우되기 십상이다. 좀 더 극단적으로, 3명과 2명의 싸움이라면 더더욱 그럴 것이다.

병력의 부족, 그리고 병력의 부족을 상쇄할 만한 정도의 강한 전투력을 가지지 못한 위의 백군 전투기 편대가 승리할 가능성은 얼마나 될까? 위의 분포로 구해보면 7.1%의 확률이라는 것을 알 수 있다. 이길 확률이 0%는 아니지만, 7.1%라는 승리할 확률을 바라보고 전투에 나서라고 명령하는 건 피치 못할 상황이 아니라면 피해야 하지 않을까 싶다. 물론, 실제의 전투는 늘 거의 항상 피치 못할 상황이라는 게 문제긴 하다.

이번에는 병력의 부족을 상쇄할 만큼의 전투력을 백군 전투기들이 갖고 있는 상황을 생각해보자. 앞의 <그림 9.3>과의 간접적인 비교를 위해, 백군 전투기의 전투력은 흑군 전투기의 2.5배라고 가정

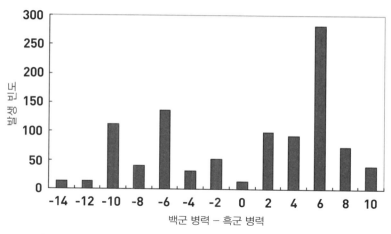

〈그림 16.5〉 백군의 전투력이 흑군의 2.5배인 경우의 전투 결과 분포

해보자. 결정론적 란체스터 법칙에 의하면, 이 경우 흑군 전투기 15대는 전멸하고 백군 전투기 3.16대가 남아 백군의 승리다.

〈그림 16.5〉에 나타낸 이 때의 전투 결과의 분포를 보면, 이번에도 굉장히 다양한 결과가 발생한다는 것을 다시 한 번 확인할 수 있다. 이 분포의 평균은 약 0.4로서, 즉 0.4대라는 백군 잔존 전투기 수는 바로 위의 결정론적 란체스터 법칙에서 예측한 숫자와 굉장히 다르다. 게다가 승리 확률을 구해보면 58.8%에 그친다. 말하자면, 5번 싸워서 채 3번 이기기 쉽지 않다는 뜻이다. 이는 보기에 따라서 '부족한 병력을 우수한 전투력으로 충분히 메울 수 있다'는 통상적인 믿음을 꽤 흔들어놓는 결과일 수도 있다. 메울 수 없는 건 아니지만, 생각만큼 완벽한 건 아니라는 얘기다.

한편, 반대의 얘기도 가능하다. 앞에서 백군의 전투력이 흑군의 2.5배가 아니라 2배인 경우, 결정론적 이론에 의하면 흑군이 승리하

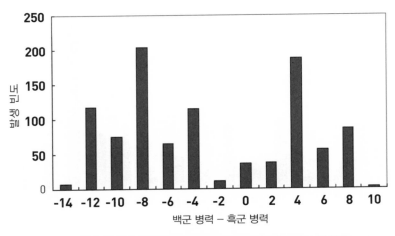

〈그림 16.6〉 백군의 전투력이 흑군의 2배인 경우의 전투 결과 분포

고 잔존 대수는 5대다. 이에 대한 분포를 〈그림 16.6〉를 통해 보면, 흑군의 승리 확률은 60%에 약간 못 미치고, 백군의 승리 확률은 약 37%다. 그러니까 병력의 힘으로 흑군이 이긴다 해도 역시 일방적으로 이기는 건 아니라는 얘기다.

사실, 이러한 문제에 눈을 뜨고 나면 과연 무엇을 관찰하는 게 맞는가에 대한 의문도 생기기 시작한다. 위의 시뮬레이션에서는 한쪽이 전멸할 때까지 싸운다고 가정했지만, 재삼 재사 얘기했듯이 이러한 가정은 비현실적이다. 그렇다면 한쪽이 전멸했을 때의 병력 차이를 지표로 볼 게 아니라 어느 적당한 시점에서의 양군 병력의 손실을 보는 게 더 의미 있을 수도 있다.

여기까지의 논의들은 궁극적으로 결국 병력이 중요하냐, 전투력이 중요하냐는 고전적인 질문으로 자연스레 연결된다. 그래서 이 책의 마지막 장인 다음 장에서 그러한 문제를 다뤄볼까 한다.

CHAPTER 17
병력의 규모와 무기의 질 중에서 하나를 골라야 한다면?

● 병력이 더 중요하냐, 아니면 좋은 무기에서 비롯되는 전투력이 더 중요하냐는 질문에 대한 하나의 출발점으로서 다음과 같은 가상의 전투 상황을 가정해보자. 백군은 5대의 전차로 구성되어 있지만, 개별 전차의 전투력은 흑군의 4배다. 반대로, 흑군은 10대의 전차로 구성되어 있어 병력은 2배지만, 개별 전차의 전투력은 백군의 1/4에 불과하다. 전차전은 원거리 사격전의 하나로서, 이러한 경우 란체스터 제곱 법칙을 적용할 수 있고, 결과를 구해보면 양군은 서로 비기는 상황이다. 이를 그림 〈17.1〉에 나타냈다.

군이 이와 같이 시뮬레이션을 해보지 않더라도 앞의 9장에서 설명했던 이론을 통해 어떠한 결과가 나올지 미리 확인할 수 있다. 즉, 초기 병력의 제곱에 전투력을 곱한 값으로 정의되는 총전투력을 비교해보는 거다. 백군 전차의 전투력은 1.6, 흑군 전차의 전투력은 0.4

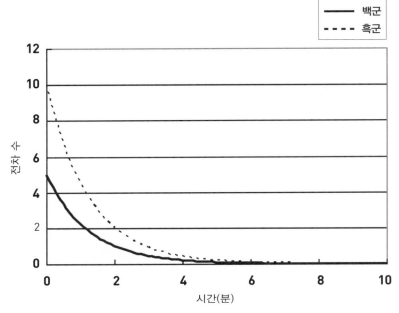

〈그림 17.1〉 백군의 병력이 흑군의 반이면서 전투력은 4배인 경우의 결정론적 결과

라고 하면 4배의 전투력 차이다. 이러한 값을 갖고 계산해보면, 백군의 총전투력은 5의 제곱 곱하기 1.6이라 40이 계산되며, 흑군의 총전투력은 10의 제곱 곱하기 0.4라 다시 40이 나온다. 즉, 양군은 서로 비긴다. 물론, 이러한 결론은 전투에서 운을 무시했을 때의 결과다.

위의 결정론적 사례로부터 무슨 결론을 도출할 수 있을까? 아주 거칠게 얘기하자면, 우선 같은 값이라면 병력이 전투력보다 낫다는 얘기를 할 수 있다. 병력은 총전투력에 제곱으로 반영되는 반면, 전투력은 총전투력에 선형적으로 반영되기 때문에, 각기 2배로 늘릴 수 있을 때 하나만 골라야 한다면 병력을 고르는 게 정답이다. 하지만, 이는 원거리 사격전일 때 해당되는 얘기며, 앞에서 봤듯이 근접육탄전이나 포격전에서는 꼭 그렇지만은 않다. 이 경우들에는 병력의 증가와 전투력의 증가는 둘 다 동등한 효과를 갖는다. 그러나 앞에서도 밝혔듯이 실제의 전투에서는 총전투력이 대략 병력의 1.5배에 비례하기 때문에, 같은 조건이라면 병력의 증대가 전투력의 증대보다 더 효과적이라는 결론은 여전히 유효하다.

여기서 앞에서 사용한 '같은 조건이라면'이라는 표현에 주목하자. 이론적으로 틀린 얘기는 아니지만 현실적으로 병력의 증대와 전투력의 증대가 동일한 노력을 필요로 한다고 보기는 어렵기 때문이다. 가령, 인구 구조상 가용한 병력을 이미 모두 동원했을 경우에는 병력을 늘린다는 건 불가능한 옵션이다. 이런 경우라면, 효과적이건 효과적이지 않건 간에 전투력을 늘리는 쪽으로 갈 수밖에 없다. 스파르타가 그랬고, 제2차 세계대전 때의 독일이 그랬듯이 말이다.

또, 다른 관점에서 이를 바라볼 수도 있다. 인구 구조상 여유가 있어도 병력을 2배로 늘리는 게 전투력을 4배로 늘리는 것보다 실제로 더 어려울 수 있다는 거다. 어쨌거나 병력을 늘리려면 강제징집을 더 하거나 혹은 용병을 돈으로 고용하는 것 외에 다른 방법은 없다. 전자는 국민들의 사기를 떨어뜨리고, 후자는 돈이 든다. 그리고 후자에 너무 의존하다 보면 어느 순간에 오히려 그 용병들한테 오히려 지배당하게 되지 말란 법도 없다.

반면, 기술 개발과 혁신에 의한 전투력 증대는 적어도 그렇게 길지 않은 시간적 범위 내에서는 몇 배 이상의 일종의 수확 체증을 기대해볼 수 있다. 한때일지언정 수십 대 일에 가까운 손실교환비를 상대방에게 강요했던 팔랑크스와 야전포, 기관총, 그리고 전차와 같

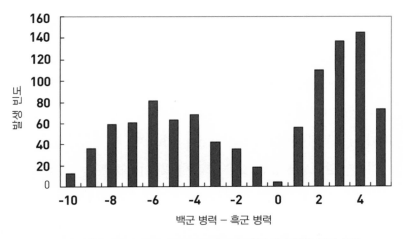

〈그림 17.2〉 백군의 전투력이 4배고 병력이 반일 때의 전투 결과 분포

은 것들이 그 예다. 그러한 무기를 궁리해낼 의욕과 능력이 있다면, 이쪽을 선택하는 게 결코 나쁜 선택은 아니다. 정리하자면, 약간의 미묘한 차이가 있기는 하지만, 결정론적 세계에서 병력과 전투력은 어떤 식으로든 상호 대치가 가능하다.

문제는 보다 실제에 가까운 경우다. 즉, 운이 개입되는 경우에도 위와 같은 결론이 유지되겠느냐는 거다. 이를 알아보기 위해 위의 전투 상황에 대한 분포를 〈그림 17.2〉에 나타냈다. 역시나 다양한 결과들이 발생함을 확인할 수 있다.

좀 더 자세히 들여다보면, 병력이 적은 백군 입장에서 이기는 빈도와 지는 빈도가 크게 다르지 않다는 걸 확인할 수 있다. 1,000번의 시뮬레이션 중에 백군 전차가 한 대라도 더 많이 살아남은 경우는 총 521번, 확률로 52% 정도며, 반대로 흑군 전차가 더 많이 살아남은 경우는 총 475번으로 48%에 육박한다. 각각 1대씩 남았다가 동시에 서로를 파괴하는, 드물지만 불가능하지만은 않은 경우도 4번 발생하여 0.4% 정도다. 또한, 전투 종료 시의 백군 전차 빼기 흑군 전차로 정의한 승패 지표의 평균은 −1에 가깝다. 이 값과 결정론적 법칙으로부터 나오는 0은 서로 다른 값이다.

위 결과는 이른바 몬테카를로 시뮬레이션Monte Carlo simulation이라는 컴퓨터상의 가상 실험을 통해 얻은 결과다. 그렇다면 실제의 전투는 어떨까? 실제의 전투를 가상 실험과 직접 비교할 방법은 안타깝게도 없다. 가상 실험은 전투력 값을 주고 결과를 예측하는 것이지만, 실제의 전투는 발생된 결과로부터 전투력 값을 역으로 추정하는 것이기 때문이다.

그렇지만 적어도 병력의 효과를 결코 경시할 수 없다는 자료들은 넘쳐난다. 예를 들어, 380여 개에 이르는 역사상의 주요 전쟁들을 대상으로 분석해보니, 소수의 병력으로 다수의 병력을 가진 상대방을 이긴 경우는 고작 15%에 불과했다. 이 말은 상대방보다 더 강한 전투력을 갖기가 생각보다는 훨씬 어려운 일이라는 증거로 이해해볼 수도 있다.

이와 비교해볼 수 있는 또 다른 대안은 모의 전투다. 모의 전투는 통상 마일스MILES: Multiple Integrated Laser Engagement System라고 부르는 장비를 착용하고 행하는데, 실제의 지형에서 실제의 병사들 간에 벌어지기 때문에 꽤 실제의 전투에 가깝다. 모든 것이 실제 전투 상황과 동일하지만, 총알과 포탄이 직접 발사되지는 않고 병기에 장착된 레이저 장비를 통해 명중 여부를 판단한다는 게 유일한 차이점이다. 이러한 모의 전투를 해보면, 소수의 병력으로 다수의 병력을 이기는 경우가 4%에 그쳐, 실제 전투보다도 더 낮았다.

모의 전투를 통해 얻는 정보는 꽤 요긴하다. 가령, 이라크 전쟁 때 미군 사상자 중 17%가 아군의 오인 사격으로 인해 발생했다는 통계가 있다. 훈련 목적으로 모의 전투를 집중적으로 수행하는 우리 육군의 과학화전투훈련단에 축적된 자료에 의하면, 실제로 모의 전투에서 오인 사격으로 인해 피해를 입는 경우가 15%에 달한다고 한다.

한편, 사병과 분대장, 소대장, 중대장 중에 가장 죽을 확률이 높은 사람과 같은, 약간은 뜬금 없는 질문에 대한 답도 이를 통해 얻을 수 있다. 모의 훈련 자료에 따르면, 놀랍게도 분대장이 제일 높고, 그 다음이 중대장, 그 다음 사병, 그리고 소대장 순이다. 중대장이 사병보다도 더 죽을 확률이 높다는 걸 설명하기가 쉽지 않다.

지금까지의 논의들을 종합해보면, 특별히 병력과 전투력 어느 한 쪽이 일방적으로 유리하다고 얘기하기는 어려울 것 같다. 이는 운을 고려하지 않건 혹은 고려하건 마찬가지다. 분명한 것은 결정론적 이론에 의해 예측되기를 아군 병력의 70%를 잃고서야 상대를 전멸시킬 수 있는 상황과 30%만 잃고서 상대를 전멸시킬 수 있는 상황은 분명히 다르다는 점이다. 결정론적으로는 둘 다 이긴다는 결론에 차이가 없어 보이고 다만 잔존 병력만 달라질 뿐이다. 하지만 운을 감안하면 70%를 잃어야 되는 전투는 실제로 질 가능성도 작지 않다는 결론이 나온다.

다만, 한 가지 변수가 있다. 요즘 한참 얘기가 많은 드론drone과 로봇의 존재다. 인간을 능가하는 일종의 인공지능을 가진 존재가 전장을 장악하는 건 그렇게 먼 훗날의 일이 아닐 수도 있다. 인공지능의 낭만주의자인 레이 커즈와일Ray Kurzweil과 같은 사람은 2030년 이전에 인공지능이 인간 수준에 도달하고 2045년까지는 이른바 특이점Singularity이 도래할 것이라고 주장하고 있다. 여기서 커즈와일이 얘기하는 특이점이란 인공지능의 지적 능력이 전체 인류를 넘어서는 것을 말한다.

인간의 지적 능력을 능가하는 인공지능이 나오지 않는다고 하더라도 무인체나 로봇이 실제 전투에 본격적으로 참여하기 시작하면 기존의 병력과 전투력 사이의 균형은 일거에 허물어져버릴 수도 있다. 기존의 무기를 장비한 인간과 전투력에서는 비슷하지만 손실을 두려워하지 않는 다수의 로봇 군대와 싸워야 하는 인간 병사들이 느낄 공포감은 무시무시할 것이다. 반대로, 수적으로는 많지 않더라도 인간을 완전히 압도하는 전투력을 지닌 무인자율체로 인해 많은 병력이 무의미해질 수도 있다. 예를 들어, 인간 조종사가 타지 않은 무인항공기들의 고기동 능력이 인간이 조종하는 전투기들을 완전히 압도할 수 있다는 건 이미 현재의 일이다.

하지만 이러한 일들이 벌어지더라도 이 책에서 얘기한 전투의 경제수학적 이론은 여전히 유효하다. 병력의 정의가 달라짐에 따라 그 규모의 단위가 달라질 수는 있겠지만, 숫자로 표현되는 병력은 여전히 병력이다. 전투력도 마찬가지다. 우리가 기존에 알던 전투력의 크기를 훨씬 능가하는 뭔가가 나온다고 하더라도 숫자로 표현될 수 있음은 여전하다. 오히려 인간과 같은, 자기보호 본능과 두려움과 같은 감정을 지니지 않은 전투체가 전장을 누빈다면 그들의 전투는 좀 더 이론에 근접한 형태가 될 수 있다.

Ray Kurzweil

●●● 빌 게이츠가 "내가 아는 한, 인공지능의 미래를 가장 잘 예측할 사람"이라고 극찬한 엔지니어이자 미래학자인 레이 커즈와일은 "2030년 이전에 인공지능이 인간 수준에 도달하고 2045년까지는 이른바 특이점이 도래할 것"이라고 주장하고 있다. 여기서 커즈와일이 얘기하는 특이점이란 인공지능의 지적 능력이 전체 인류를 넘어서는 것을 말한다. 인간의 지적 능력을 능가하는 인공지능이 나오지 않는다고 하더라도 무인체나 로봇이 실제 전투에 본격적으로 참여하기 시작하면 기존의 병력과 전투력 사이의 균형은 일거에 허물어져버릴 수도 있다. 하지만 이러한 일들이 벌어지더라도 이 책에서 얘기한 전투의 경제수학적 이론은 여전히 유효하다. 오히려 인간과 같은, 자기보호 본능과 두려움과 같은 감정을 지니지 않은 전투체가 전장을 누빈다면 그들의 전투는 좀 더 이론에 근접한 형태가 될 수 있다. (Wikimedia Commons CC-BY-SA 1.0 / Photo by Michael Lutch)

MQ-1 Predator

MQ-1 프레데터는 정찰용으로 개발된 RQ-1 프레터터에 무장을 장착한 무인공격기로, 목표를 찾은 후 헬파이어 대전차 미사일로 바로 공격을 할 수 있다. 프레데터는 9·11 테러 직후부터 아프가니스탄 상공을 누비며 각종 임무를 수행했다.

Atlas

궁극적으로 군인을 대신할 '아틀라스'는 키 188센티미터에 무게 150킬로그램이 넘고 관절을 자유롭게 움직일 수 있는 '킬러 로봇'이다. '킬러 로봇'은 인공지능으로 스스로 판단해 목표물을 추적하고 공격할 수 있다.

Big-Dog

빅독은 2006년 미국의 하이테크 로봇개발업체인 보스턴 다이내믹스 사가 전시 물품 수송용도로 개발한 4족 보행 군사용 견마 로봇이다. 운반 가능 중량은 150킬로그램이고, 시속 6.4킬로미터까지 속력을 낼 수 있다. 35도 경사에서도 보행이 가능하고 연료 재공급 없이 24시간 안에 32킬로미터를 행군할 수 있다.

MULE-ARV

미 육군의 미래 전투 시스템(FCS: Future Combat System) 프로그램에 따라 개발된 MULE(Mulifunctional Utility/Logistics and Equipment)-ARV(Armed Bobotic Vehicle)는 무인 경전투로봇차량으로, 하이브리드 동력장치를 기반으로 한 6륜구동 차체를 기초로 하고 있다. 수색 탐사, 표적 획득 등 다양한 역할을 담당하면서 대전차 미사일을 탑재해 대(對)전차전도 수행할 수 있다.

경제학의 모토로 알려져 있는 "최소의 비용으로 최대의 효과를 거두다"는 말은 사실 성립될 수 없는 말이다. '주어진 비용에 대해 최대의 효과를 거두는 방법'을 찾으려고 하거나, 혹은 '주어진 효과에 대해서 최소의 비용을 들이는 방법'을 찾으려고 하는 게 진정한 경제의 원리다. 비유하자면, 사과와 오렌지를 동시에 다 가질 수는 없다. 하지만 만족도를 최대로 높이기 위한 사과와 오렌지의 최적 비율은 존재할 수 있다. 어찌 보면 병력과 전투력의 관계가 바로 이러한 사과와 오렌지의 관계와 같은 것일는지도 모른다.

결국, 병력과 전투력 중 둘 중에 뭐가 더 중요하냐는 우문에 현답을 하자면, 병력과 전투력 둘 다 중요하다고 해야 할 것 같다. 전투력을 희생시키면서 병력을 늘리는 게 현명한 방안이 될 수 없는 것처럼, 동시에 병력이 부족한 불리한 조건을 초인적인 전투력으로 무조건 극복해낼 수 있다고 믿는 것도 비현실적이다. 그 최적의 조합을 찾는 데 관련된 내용들은 이 책이 목표로 한 범위를 벗어난다. 그건 『무기의 경제학』이라는 책을 언젠가 쓰게 된다면 거기에 담기게 될 내용일지도 모른다.

.

계동혁, 『역사를 바꾼 신무기』, 도서출판 플래닛미디어, 2009.

군사학연구회, 『군사학개론』, 도서출판 플래닛미디어, 2014.

김도균, 『전쟁의 재발견』, 추수밭, 2009.

김종화, 『스탈린그라드 전투』, 세주, 1995.

김충영 외, 『군사 OR 이론과 응용』, 두남, 2004.

김후, 『활이 바꾼 세계사』, 가람기획, 2005.

나카자토 유키 지음, 이규원 옮김, 『전쟁 천재들의 전술』, 들녘, 2004.

노명식, 『프랑스혁명에서 파리코뮌까지』, 까치, 1993.

노병천, 『도해 세계전사』, 한원, 1990.

니콜라스 세쿤다 지음, 정은비 옮김, 『마라톤 BC 490』, 도서출판 플래닛미디어, 2007.

레이 커즈와일 지음, 김명남 · 장시형 옮김, 『특이점이 온다』, 김영사, 2007.

로스뚜노프 외 지음, 김종헌 옮김, 『러일전쟁사』, 건국대학교출판부, 2004.

리델 하트 지음, 강창구 옮김, 『전략론』, 병학사, 1988.

_____, 황규만 옮김, 『롬멜 전사록』, 일조각, 1982.

리처드 오버리 지음, 류한수 옮김, 『스탈린과 히틀러의 전쟁』, 지식의 풍경, 2003.

마르크 블로흐 지음, 김용자 옮김, 『이상한 패배』, 까치, 2002.

마틴 반 크레벨트 지음, 이동욱 옮김, 『과학기술과 전쟁』, 황금알, 2006.

박종화, 『삼국지』, 어문각, 1993.

배리 파커 지음, 김은영 옮김,『전쟁의 물리학』, 북로드, 2015.

스티븐 하트 외 지음, 김홍래 옮김,『아틀라스 전차전』, 도서출판 플래닛미디어, 2013.

아더 훼릴 지음, 이춘근 옮김,『전쟁의 기원』, 인간사랑, 1990.

아브라함 아단 지음, 김덕현 외 옮김,『수에즈전쟁』, 한원, 1993.

알렉시스 토크빌 지음, 이용재 옮김,『구체제와 프랑스 혁명』, 일월서각, 1989.

야마오카 소하치 지음, 박재희 옮김,『덕천가강』, 동서문화사, 1992.

양은우,『주식회사 고구려』, 을유문화사, 2015.

에드완 베르고 지음, 김병일 · 이해문 옮김,『6 · 25 전란의 프랑스 대대』, 동아일보사, 1983.

에이치 구데리안 지음, 김정오 옮김,『기계화부대장』, 한원, 1990.

엠 아이 핀리 지음, 이용찬 옮김,『헤로도투스: 역사』, 평단문화사, 1987.

유르겐 브라우어, 후버트 판 투일 지음, 채인택 옮김,『성, 전쟁, 그리고 핵폭탄, 황소자리』, 2013.

유정식,『경영 과학에게 길을 묻다』, 위즈덤하우스, 2007.

유제현,『월남전쟁』, 한원, 1992.

이대진,『문답으로 이해하는 전차이야기』, 연경문화사, 2003.

이상길 외,『무기공학』, 청문각, 2012.

이상훈,『전략전술의 한국사』, 푸른역사, 2014.

이에인 딕키 외 지음, 한창호 옮김,『해전의 모든 것』, 휴먼앤북스, 2010.

이영직,『란체스터의 법칙』, 청년정신, 2002.

이월형 외,『국방경제학의 이해』, 황금소나무, 2014.

이종호,『모델링 및 시뮬레이션 이론과 실제』, 21세기군사연구소, 2008.

이치카와 사다하루 지음, 이규와 옮김,『환상의 전사들』, 들녘, 2001.

이케가미 료타 지음, 이재경 옮김,『도해 전국무장』, 에이케이커뮤니케이션즈, 2011.

이희진,『전쟁의 발견』, 동아시아, 2004.

임홍빈 · 유재성 · 서인한,『조선의 대외 정벌』, 알마, 2015.

자와할랄 네루 지음, 곽복희 · 남궁원 옮김,『세계사 편력』, 일빛, 1995.

정토웅,『20세기 결전 30장면』, 가람기획, 1997.

정토웅,『세계전쟁사 다이제스트 100』, 가람기획, 2010.

정토웅,『전쟁사 101장면』, 가람기획, 1997.

존 키건 지음, 유병진 옮김,『세계전쟁사』, 까치, 1996.

지중렬,『포병전사 연구』, 21세기군사연구소, 2012.

천윤환 외,『게임이론과 워게임』, 북스힐, 2013.

카를로 치폴라 지음, 최파일 옮김,『대포 범선 제국』, 미지북스, 2010.

크리스터 외르겐젠 외 지음, 최파일 옮김, 『근대전쟁의 탄생』, 미지북스, 2011.

토머스 크로웰 지음, 이경아 옮김, 『워 사이언티스트』, 도서출판 플래닛미디어, 2011.

팔리 모왓 지음, 이한중 옮김, 『울지 않는 늑대』, 돌베개, 2003.

폰 멜렌틴 지음, 민평식 옮김, 『기갑전투』, 병학사, 1986.

피터 싱어 지음, 권영근 옮김, 『하이테크 전쟁』, 지안, 2011.

한스 오퍼만 지음, 안미현 옮김, 『카이사르』, 한길사, 1997.

허장욱 · 정상훈, 『전차 장갑차의 구조와 원리』, 양서각, 2013.

헨리 보렌 지음, 이석우 옮김, 『서양고대사』, 탐구당, 1985.

홍희범, 『밀리터리 실패열전』, 호비스트, 2009.

황재연 · 정경찬, 『퓨처 웨폰』, 군사연구, 2008.

후지무라 미치오 지음, 허남린 옮김, 『청일전쟁』, 소화, 1997.

Bauman, Walter J., *Quantification of the Battle of Kursk*, U.S. Army Concepts Analysis Agency.

Biddle, Stephen, *Military Power*, Princeton University Press, 2004.

Blainey, Geoffrey, *The Causes of War*, 3rd edition, Free Press, 1988.

Bostrom, Nick, *Superintelligence*, Oxford University Press, 2014.

Cockburn, Andrew, *Kill Chain: The Rise of the High-Tech Assassins*, Henry Holt and Co., 2015.

Engel, J. H., "A Verification of Lanchester's Law", *Journal of the Operations Research Society of America*, 2(2), 1954, p.163-171.

Forczyk, Robert, *Panther vs T-34: Ukraine 1943*, Osprey Publishing, 2007.

Frieser, Karl-Heinz, et al, *Das Deutsche Reich und der Zweite Weltkrieg*, Detusche Verlags-Anstalt Munchen, 2007.

Glantz, David M. and Jonathan M. House, *The Battle of Kursk*, University Press of Kansas, 1999.

Goldfrank, David M., *The Crimean War*, Longman, 1994.

Hartley III, Dean S., *Topics in Operations Research: Predicting Combat Effects*, IN-FORMS, 2001.

Hausken, Kjell and John F. Moxnes, "The Microfoundations of the Lanchester War Equations", *Military Operations Research*, 5(3), 2000, p.77-99

Helmbold, Robert L., "Osipov: The 'Russian Lanchster'", *European Journal of Operational Research*, 65(2), 1993, p.278-288

Jaiswal, N. K., *Military Operations Research*, Springer, 1997.

Jordan David et al, *Understanding Modern Warfare*, Cambridge University Press, 2008.

Korner, T. W., *The Pleasures of Counting*, Cambridge University Press, 1996.

Kurzweil, Ray, *How to Create a Mind*, Penguin Books, 2013.

Milward, Alan S., *War, Economy and Society 1939-1945*, University of California Press, 1977.

Morse, Philip M. and George E. Kimball, *Methods of Operations Research*, Dover, 2003.

Ogorkiewicz, Richard, *Tanks: 100 Years of Evolution*, General Militar, 2015.

O'Hanlon, Michael E., *The Science of War*, Princeton University Press, 2009.

Perla, Peter P., *The Art of Wargaming*, Naval Institute Press, 1990.

Poast, Paul, *The Economics of War*, McGraw Hill, 2006.

Rothstein, Adam, *Drone*, Bloomsbury Academic, 2015.

Schneider, Wolfgang, *Panzer Tactics*, Stackpole Books, 2005.

Smith, Ron, *Military Economics*, Palgrave Macmillan, 2011.

Thrun, Sebastian, Wolfram Burgard and Dieter Fox, *Probabilistic Robotics*, MIT Press, 2006.

Turnbull, Stephen, *Nagashino 1575*, Oxford: Osprey Publishing, 2000.

Van Creveld, Martin, *Supplying War*, 2nd edition, Cambridge University Press, 2004.

Warwick, Kevin, *Artificial Intelligence: The Basics*, Routledge, 2011.

Washburn, Alan and Moshe Kress, *Combat Modeling*, Springer, 2009.

Wilbeck, Christopher W., *Sledgehammers*, The Aberjona Press, 2004.

Zetterling, Niklas and Anders Frankson, *Kursk 1943: A Statistical Analysis*, Cass, 2013.

http://blog.naver.com/gold829921

한국국방안보포럼(KODEF)은 21세기 국방정론을 발전시키고 국가안보에 대한 미래 전략적 대안을 제시하기 위해 뜻있는 군·정치·언론·법조·경제·문화 마니아 집단이 만든 사단법인입니다. 온·오프라인을 통해 국방정책을 논의하고, 국방정책에 관한 조사·연구·자문·지원 활동을 하고 있으며, 국방 관련 단체 및 기관과 공조하여 국방 교육 자료를 개발하고 안보의식을 고양하는 사업을 하고 있습니다. http://www.kodef.net

KODEF
안보총서
83

전투의 경제학
COMBAT ECONOMICS

초판 1쇄 인쇄 2015년 12월 21일
초판 1쇄 발행 2015년 12월 28일

지은이 권오상
펴낸이 김세영

펴낸곳 도서출판 플래닛미디어
주소 04035 서울시 마포구 월드컵로8길 40-9 3층
전화 02-3143-3366
팩스 02-3143-3360
블로그 http://blog.naver.com/planetmedia7
이메일 webmaster@planetmedia.co.kr
출판등록 2005년 9월 12일 제313-2005-000197호

ⓒ 권오상, 2015

ISBN 978-89-97094-86-8 03390